64个Key Point
让你轻松成行家

懂行情，装修才能赚差价

叶萍 编

The Business Brings in Pockets the Price Difference

華中科技大學出版社
http://www.hustp.com
中国·武汉

内容提要

很多业主并不了解家居装修到底是怎么一回事，往往只是在书店或者网上搜一些相关的家居知识进行了解，从而在装修中很多不该省钱的地方想方设法地省钱、应该省钱的地方却超支消费，最终导致花了很多钱却没达到预期效果。本书以清晰的章节划分，直白的省钱要点，使读者能够系统地了解家庭装修中哪些地方可以省钱、哪些地方不可以省钱，以及如何避免装修陷阱等问题，最终全面规避装修过程中出现难以弥补的遗憾和损失。

前言

PREFACE

家庭装修，处处都要花钱，稍不留神就会造成预算超支的局面。而面对装修公司令人防不胜防的陷阱，建材市场令人眼花缭乱的装修材料，烦琐而又细致的施工工艺等，让绝大多数装修业主不禁直呼“头大”“心累”。如何做到花最少的钱达到最理想的装修效果，成为广大业主迫切需要解决的问题。

本书根据装修大流程划分章节，包括“省钱根本：拥有全面的装修认知”“省钱关键：选择靠谱的装修公司”“省钱前提：要有合理的设计方案”“省钱核心：货比三家选好材料”“省钱原则：画龙点睛巧施工”“省钱妙招：认认真真做验收”六大章节。从装修开始到验收结束，全程为业主提供有效的省钱建议。此外，书中还提炼出70条装修省钱关键点，直击省钱要害，力求不让业主多花一分冤枉钱。

本书章节清晰，要点突出，言简意赅，为业主提供有效的省钱装修指导：该投入的就投入，能省的则最大限度地节省，最终做到用最省钱、最省事的方式，达到最理想的装修效果。

参与本书编写的人员有：杨柳、武宏达、赵利平、卫白鸽、李峰、王广洋、王力宇、梁越、李小丽、王军、李子奇、于兆山、蔡志宏、刘彦萍、张志贵、刘杰、李四磊、孙银青、肖冠军、安平、马禾午、谢永亮、李广、周彦、赵莉娟、潘振伟、王效孟、赵芳节、王庶等。

目录
CONTENTS

装修省钱 The key point 关键点

省钱根本：拥有全面的装修认知

装修是一件非常烦琐的事情，涉及的项目众多。如果在装修前期对装修的认知不甚清楚，就很容易在装修过程中遇到各种麻烦，从而导致资金的浪费。因此在开工之前，装修计划必不可少，为装修时间、装修花费、提前注意等事项中做好精心而又完备的计划，在保证装修顺利进行的同时，节约成本，最终令新居完美收官。

装修开工前的规划要做好

一、规划功能要提前设计

1. 每个家庭成员的需求要尽量满足

设计规划是准备装修前的必备工作，必须根据家庭成员的需要、爱好和生活习惯进行科学合理的设计。设计之初，业主应把重点放在如何在有限的空间中合理规划功能区域、利用空间实现每个家庭成员的生活需求上，而色彩、风格等装饰类设计，则可以次之考虑。功能设计完毕后，业主可以根据自己的喜好，与设计师商量装饰风格。

2. 学会制作装修需求表

对居住在此空间中的人员数量和性格进行综合性思考，如有必要，可以进行一个小调查，掌握一下每个人对家居环境的喜好和对自己空间的要求。特别是家里有老人和儿童的家庭，要充分考虑诸如家具的摆放与应用对他们活动的影响，光源的设计会不会造成光污染等问题。

制作装修需求表需考虑的问题	
1	本次装修的是新房子，还是旧房子
2	计划动工时间是哪一个季节
3	家庭成员由哪些组成
4	户型是大户型、中户型、小户型，还是别墅
5	家居风格属于哪一类
6	家庭成员都有哪些爱好
7	家庭成员们最重视的空间是哪一个

二、时间流程要提前安排好

由于大多数业主在第一次装修新家时对一些家装流程不太了解，从而导致在装修的过程中十分疲惫，到头来装修效果还是不理想。如果能够了解装修的整个流程，做到心中有数、运筹帷幄，就能

根据自身房子的情况、自身的时间及财力等情况，制定出符合自身需求的装修流程，估算出装修时间，这样装修的进行则会又快又不会因拖延工期而浪费钱财。不妨把装修流程分为 10 步，这样装修何时开始、何时结束，哪个时间该干什么、不该干什么，就能做到心中有数，使装修不再混乱。

◎ 10 步装修流程

装修前准备→确定装修公司→基础改造→机构基层施工→墙地砖贴铺→油漆与壁纸施工→橱柜、吊顶、木地板施工→五金灯具安装→家具、家电进场→后期配饰

三、工程预算要做好

1. 装修费用的组成

装修费用主要指的是装修工程所需的费用。按工程项目划分，装修费用包含木工工程、水电工程、瓦工工程、油漆工程、卫浴间与厨具工程五个部分。

◎备注：由于每项工程的计费方式及计费单位不同，在搞清楚市场行情的情况下，方可估算出装修费用。

2. 家装各项工程的预算推估

※ 木工工程的预算推估

一般木工工程的项目包括：地板、吊顶、墙面与收纳木作。其中，木地板的选购应注重防潮系数与保养的便利性。吊顶与壁面材质应考虑其安全系数。在安全性材质的使用上，做出部分预算是绝对值得的。

※ 水电工程的预算推估

水电工程的项目包括：老房全室冷热水管、全室电线抽换更新，卫浴间安装工程等。由于水电工程占老房装修时花费的一大部分，因此，若是遇到房龄超过 15 年的二手房时，这笔费用就占很大比重。但新房若牵涉格局变动与拆除，也可能需要进行水电装修工程。

※ 瓦工工程的预算推估

瓦工工程的项目主要是地面砖工程，包括卫浴间和厨房地面、壁砖与阳台地砖，老房包括客厅地砖部分。其中，地面砖的选择建议以看见实际样本为准，这样也较容易分辨质感与颜色的差异性。

※ 油漆工程的预算推估

一般油漆工程包括吊顶与墙面油漆工程（包含墙面整平、批土与油漆）。另外也包含家具与柜体的油漆部分。油漆分为喷漆与粉刷两种方式，将视具体情况决定采用哪一种施工方式。

四、根据预算确定家庭装修的档次

装修档次	特点	参考价格
经济型	※ 户型格局没有大的改动 ※ 常为节省费用，自己买材料，且以中低档材料为主	经济型装修 100 平方米的房子价位为 3 万 ~5 万元
中档型	※ 更多的造型设计，如艺术造型吊顶、主题墙设计、特色家具等 ※ 有一定请设计师和监理人员的预算	中档装修 100 平方米的房子投资一般在 6 万 ~9 万元
高档型	※ 可以选择有信誉、高知名度的装修公司，享受及时、周到、完善的服务 ※ 所用材料一般都是国内外知名品牌	高档装修 100 平方米的房子投资一般在 10 万 ~15 万元
豪华型	※ 设计师一般为具有多年室内设计经验的大师级人士 ※ 材料的选择相当精细，基本上都是精品级材料 ※ 做工要求很高，都是有多年施工经验的施工员施工，工地上有专门的施工管理人员把关	豪华装修 100 平方米的房子投资一般在 16 万元以上

装修省钱关键点
The key point

Point 1
学会功能分区，在设计之初把钱省下来

家居设计要想省钱，需从整体规划开始。根据家庭成员的生活习惯，划分家中的功能区、确定插座位置及家具尺寸等，对家的基础设施有一个基本判断。此外，还要考虑到未来家庭生活方式的变化，例如，如果新房常有亲戚、父母来住，应该也将他们的生活习惯考虑在内；如果未来将有孕妇或宝宝，还要考虑婴儿床位置、房间色彩这些细微的问题。只有把准备工作做充分，才能避免后期因家居功能划分不合理而导致增加预算。

Point 2
准确定位装修档次

①**依据经济能力：**一般收入的应选择中档装修。经济收入富裕的可选择较高档次的装修，应根据实际情况选择。

②**依据住房面积：**住房面积较大的（超过 140 平方米）宜选择较高档次的装修，面积小的宜选择中、低档次的装修。

③**依据住房售价：**售价高的住房（如别墅、高级公寓）宜选择较高档次的装修，普通住房宜选用中、低档次的装修。

④**依据业主：**老年人居住的住房宜选用中档装修，年轻人可根据自己喜好选择装修档次。

⑤**依据居住年限：**长久居住不准备换房的，宜选用高档装修；面临乔迁或准备乔迁的可选择轻装修、重装饰。

事先调查装修市场的状况

一、市场调研包含的内容

1. 基本价格的调查

家庭装修是一项经济活动，价格是其重要因素。在设计、施工价格方面，业主需要有初步的了解，这样才能做到心中有数，在装修运作时才能做到应付自如。

2. 市场状况的调查

想要对家庭装修市场的状况进行全面的了解，应该到专业机构、单位或组织（如装饰协会、装饰服务中心等）去了解。

二、规避最常见的装修陷阱

1. 设计阶段——增加不必要的设计成本

陷阱类型	概　述
多做预算	装修公司往往会在做预算时多算总价，这样一来便于与消费者讨价还价，还能做个“顺水人情”。装修公司包主材的工程，往往会在丈量材料时进行估价，让业主多花不必要的材料费
报价陷阱	一些装修公司把一个报价项目分为多个单项来报价，如将墙漆工程分成底漆、面漆等小项，每一小项看上去价格都不高，但加起来却高出“一大截”。还有的在预算中故意漏掉一些装修必有的固定项目，施工时消费者还必须为此付费。还有一些把已经淘汰的工艺或材料写进预算中，业主不接受，装修公司就要求加价
合同陷阱	在签合同时一定要认真阅读有关违约赔偿，有的合同上面写的是所有损失赔偿不超过合同总额的 10%。这样在签订合同后出了任何问题，装修公司的赔偿都很少，甚至不用负责任

2. 采购阶段——材料偷换最常见

陷阱类型	概　述
同品牌低质材料	装修公司在报墙面涂料时仅写“某某漆”三个字，但在具体施工时采用的却是该品牌最便宜的漆；有的装修公司会趁业主不注意时将优质材料换成劣质材料
地板警惕龙骨或踢脚线	有的装修工人会在龙骨或踢脚线上动手脚，用不好的材料代替。另外，掌握计算木地板铺装数量的方法也很重要，买了多少，铺了多少，剩下多少，这个账要有数
涂料量不够	涂料有 5 升一桶的、10 升一桶的，但是里面装的涂料的量却不一定如包装所示，原因就是以体积标注的量业主很难查验

3. 施工阶段——合同外工程使成本上升

陷阱类型	概　述
水电改造	改电项目一般按电线管路长度报价，但实际却按管内电线的长度计价，如果管路里面有 3 根电线，总价就要翻 3 倍；或者走线多绕路，增加管线使用长度。在与装修公司签订家装合同的时候，由于现场一些情况在这个时候不是很清楚，所以报价里一般标注的是水电改造的项目单价，而工程总费用是不包含水电改造费用的
增收费用	很多合同中写着增减项要交纳管理费用。实际装修中，业主如感到原设计不合理，要求改动，装修公司就要按合同收取减项或改动管理费才肯改动。所以在签订合同或补充协议时，一定要写明，设计不符合要求或增加必要功能时，消费者有权免费增减项目

4. 售后阶段——售后服务难以保障

陷阱类型	概　述
水、电、供热管道改造等隐蔽工程质量差	刚开始装修公司还负责维修，时间一长就以用户使用不当等理由搪塞，拒绝维修或收费维修
装修公司出尔反尔	签订装修合同时承诺的售后服务不兑现，出现质量问题不予维修，或在保修过程中以各种理由推托

装修省钱关键点
The key point

Point 3
学会对房屋进行评估

很多装修公司的设计师会在设计上做手脚，增加不必要的成本，比如增加不必要的装修项目，测量和设计时有意多报、谎报，加大工程量。业主装修时，首先不要急于寻找装修公司，而是应全面、系统地对自己的房屋进行评估，包括打算投入的资金是多少，对各种装修材料进行一次市场调查，做到心中有数。同时可以咨询、参考周围最近刚装修好房屋的设计样式和朋友的建议，以有效控制成本。

Point 4
在合同中将所用材料的信息写清楚

购买材料时，要和材料商在合同里写好使用哪种型号哪一批次的一等品或合格品，在和工人一起购买材料时，也要写好协议书，一定要一次性购买好材料，不够时，要使用同等品牌、同型号的材料。另外，做家具需要板材，也需要合页、拉手等五金件，如果当时没写好，最后在五金件上也会吃亏。

Point 5
在合同中写清楚施工工艺

在合同中写清楚施工工艺，是一个约束施工方严格执行约定工艺做法、防止偷工减料的好方法。尽管合同里作了一些规定，但是大多比较粗浅，主要反映在对材料的品牌、采购的时间期限以及验收的方法、验收人员没有作出明确的规定，所以在合同文件中一定要写清楚施工细节。另外，在装修过程中应跟踪、监督，监督施工中是否谎报用料、用工费用，监督防水、管线等重点施工阶段，以避免在“隐蔽部位”留下隐患。

一省到底的装修资金分配方法

一、装修资金的分配方法

1. 不同环节，资金分配比例各有不同

装修资金分配方案按步骤分类，体现在设计、硬装、软装、购买电器四个环节上，资金分配比例各有不同。

◎硬装：指除了必须安装的基础设施以外，为了满足房屋结构、布局、功能、美观的需要，添加在建筑物表面或者内部的一切装饰物，也包括色彩，这些装饰物原则上是不可移动的。例如拆墙，刷涂料，吊顶，铺设管线、电线等。

◎软装：指为了满足功能、美观的需要，附加在建筑物表面或者室内的装饰物及设置与设备，原则上是可以移动与变化的。例如窗帘、沙发、靠垫、壁挂、地毯、床上用品、灯具，以及装饰工艺品、居室植物等。

2. 不要事先预付大笔钱财

在装修过程中千万不要预付一大笔钱，可以把装修开支做成圆饼图，各种开支所占比例如下（不包括电器）：

①装修公司（包括水电路改造，墙面漆、墙地砖等施工）20%
②木门（成品包括：窗套、垭口、踢脚板）18%
③橱柜 16%
④地面材料 14%
⑤厨卫墙砖及洁具 11%
⑥窗帘布艺 2%
⑦灯具及开关插座 3%
⑧烟机灶具及龙头、花洒 9%
⑨不可预见的开支 7%

二、装修过程中资金的分配

家装是一项系统工程，需要支出的项目非常多，这就要求业主在装修前先确定各个部分和项目的资金分配比例。一般来说，家居装修有四大块支出：装修部分（包括厨卫设备）、家具部分、家电部分、装饰部分。这四大部分在家装总投资里占多大的分配比例，现在有很多说法。其实这些分配比例都只是相对的，当今家装行业并没有一个统一、确定的标准。由于业主的职业、个性、喜好等不同，因此家装投资的分配比例也不可能相同。但是，业主依然可以把大家比较认可的分配比例作为预计家装投资、控制家装总支出的一个计算依据。

◎说法 1：厨卫占 50%，家具占 30%，家用电器及其他占 20%。

◎说法 2：装修与家具、家电配套的投资比例为 1 ：1 或 1 ：2。

1. 装修部分的费用

装修费用	内　容
装修公司完成的部分	①部分材料费 ②人工费（人工费是指装修工人的基本工资及基本生活费用） ③机械费（包括圆锯机、电锤、空压机、石料切割机、手电钻、卷扬机等的材料费用、人工费和机械费，是直接用在工程上的费用，也叫“工料机直接费用”，在这种形式报价中也可以叫“直接费”） ④企业管理费（企业管理费也叫“间接费”，含公司员工的工资、保险费、项目经理活动费、办公用品费、设备折旧费、手机费、车费、财务费用等） ⑤利润（利润是公司要得到的净利润，公司交给国家的税金按国家规定税收费率标准计取）
业主自己购买的部分	①地面材料，洁具，灯具，开关面板，大、小五金，橱柜等 ②这部分的选材不同，价格的变化也会非常大，这是造成家装投资超支的最重要原因 ③瓷砖、木地板、坐便器、浴缸阀门、台盆、橱柜、五金等几个方面的合理投资对家装预算具有决定性的作用

2. 家具部分的费用

选择合适的家具，可以增加房间的装饰效果和使用功能，而且合理的价位也是家装总造价不超标的保障。

3. 家电部分的费用

家电行业是一个非常成熟的行业，品牌集中度高，市场价格透明，服务也不错，购买没什么后顾之忧，并且业主们大多具有品牌忠诚度，相对来说选择就比较集中，花费也比较容易控制。

4. 装饰部分的费用

装饰部分包括的项目很多，它的花费可多可少，这部分的选择主要是根据大家的艺术修养来决定的。装饰品尤其是布艺，对家居装修后总的效果的影响是非常巨大的，色彩协调统一，会使人心旷神怡，而且几分钟就可以使房间变个样，这样也就换了一份好心情，因此在这方面一定要下足工夫，适当的花费，往往能起到事半功倍的效果。

三、装修中合理分配有限资金的方法

白色系的客厅没有繁复的装修，大面积的照片墙成为室内的焦点；这样的设计既令素白的墙面变得不再单调，又不用花费太多。

1. 轻装修、重装饰

“轻装修、重装饰”将逐步形成潮流，因为装修的手段毕竟有限，无法满足个性家居的设计要求，而风格各异、款式多样的家具和家居装饰品，却可以衍化出无数种家居风格。所以，许多人在装修时只要求高质量的“四白落地”，同时利用装饰手段来塑造家居的性格。因此，应把预算资金的大部分投入到装饰中。

2. 大客厅、小卧室

目前大客厅、小卧室的户型越来越多。在这种情况下，就可以在卧室的装修中少花一些。客厅除了用来接待客人之外，还是全家团聚、娱乐的地方，同时客厅的装修更能体现出每个家庭的特色。相反，卧室的功用相对简洁一点，以温馨为主。

3. 简单顶面、主题墙面、重点地面

※ 净高比较低的房间

房间顶部的处理上以简单为最好，这样不会产生压抑感。

※ 家具比较多的房间

墙面的装修可以做相对简单的处理，因为墙面的大部分，尤其是墙围会被家具挡住。可以借鉴“主题墙”的办法，即确定房间的一面墙为“主题墙”，在这面墙上，采用各种装饰手法来突出整个房间的风格，其他墙面则可简单处理。这样做不仅节约了经费，而且装饰的效果奇佳。

※ 地面的装修

对于地面的装修，则是需要下工夫的地方。因为地面装饰材料的材质和颜色，决定了房间的装饰风格，而且地面的使用频率明显要比墙面和顶棚高，所以要使用质地和颜色都较好的材料。

客厅的墙面和地面设计都十分简洁，手绘背景墙为居室带来生动的气息，这样的设计充分遵循了“简单顶面、主题墙面、重点地面”的装修理念。

装修省钱关键点 The key point

Point 6 根据装修造价来确定何处省、何处不省

①每平方米（建筑面积）装修造价在 300 元以内的房子，装修时不可盲目追求品牌，应尽量做到经济、实用，以降低费用。

②每平方米装修造价在 300 ~ 500 元时，所用材料可以追求品牌产品，但应注重搭配，并尽可能选择简约风格。

③当造价超过 500 元 / 米 ^{2} 时，可以小有奢华风格。

④当造价超过 1000 元 / 米 ^{2} 时，尽管选择余地较大，但最好有一个控制比例，这样才不至于超支。

⑤一般来说，房子面积越大，在橱柜及装修公司上的花费比例应相对小一些，而木门、地板及厨卫墙地砖的花费比例要大些。

Point 7 确定装修四大版块支出比例

在确定完装修部分、家具部分、家电部分、装饰部分这四大块的一个基本支出比例之后，业主就可以进一步确定每一块里面各个具体项目的开支了。通过对家装具体支出项目一一列表，业主可以清楚知道自己需要购买的商品明细，因此只需要到市场咨询价格，就可以对家装的花费心中有数了。这样在家装过程中，只需要有针对性地加以控制，那么家装的总造价就不会超出原先的预算。

按需选择全包、半包和清包

对于首次装修房子的人来说，装修是一门新学问、新课程，会有这样那样的疑惑，第一步需要问一问自己到底选择哪种装修方式，是清包、半包，还是全包？如果选择不当，有可能会面临很多意想不到的困难，如所采购装修材料质次价高，或者买得太多而形成浪费等。其实，这三种装修方式各有特点，要根据自己的情况来决定，这样才能避免陷入装修困境。

1. 什么是清包

清包也叫“包清工”，是指业主自行购买所有材料，找装修公司或装修队伍来施工的一种工程承包方式。由于材料的种类繁多，价格相差很大，有些人担心别人代买材料可能会从中渔利，于是部分装修户采用自己买材料、只包清工的装修形式。

最省钱的方法是清包，即所有主料和辅料都由自己购买，装修队只负责施工，赚人工费。这种方式虽然好，但会占用业主的大量时间，装修期间，家里基本上要有一个人全职负责工地上的协调工作，并兼职当装修工的下手，随时补货。另外，清包工的装修队一定要经验丰富，否则很容易留下各种隐患，或者使家里的装修风格不统一，造成遗憾。

◎优点：自由度和控制力大；自己选材料，可以充分体现自己的意愿；通过逛市场，可以对材料的种类、价格和性能有直观的了解。

◎缺点：清包需要投入的时间和精力较多；逛市场、了解行情、选材，这需要大量的时间；联系车辆，拉运材料，工期相对会较长；清包需要对材料相当了解，否则在与材料商打交道的过程中，难免不吃亏上当。

2. 什么是半包

半包是介于清包和全包之间的一种方式，施工方负责施工和辅料的采购，主料由业主采购。包工包料分为全包和包工包辅料两种方式。其中包辅料是业主自购主料，而施工单位承担人工、施工机具及辅料的方法；包工包料是由施工单位负责采购全部材料、提供人工及施工机具。

在具体操作时，半包更需要事先明确业主和装修队各自应尽的职责。比如地板一项，如果由业主购买、装修队负责安装，就要事先明确，防潮垫等由谁负责购买。另外，对于各自购买的材料，必须在进场时由对方进行验收，认可后才进行施工。现在，不少大件材料的厂家都提供安装服务，由厂家安装，万一出现质量问题，只要盯住厂家即可，不会出现扯皮现象。

◎优点：价值较高的主料自己采购可以控制费用的大头；种类繁杂、价值较低的辅料业主不容易搞得清，由施工方采购比较省心。

◎缺点：半包装修的优点是选购建材有主导性，但同时也是它的缺点所在。主材挑选需要花不少时间跑建材市场，而且每一款材料都需要做好验收，装修公司负责提供的材料与自购的材料必须在合同上写明，避免装修公司钻空子。

3. 什么是全包

全包也叫“包工包料”，材料采购和施工都由施工方负责。装修造价包括材料费、人工机械费、利润等，另外还要暗摊公司营运费、广告费、设计师佣金等，客户交的钱只有六成能花到房子装修上面。

要选择这种方式，一定要把好合同关，除了审核各项费用的合理性，更要对自己需要的主材料标明品牌、型号、颜色，谨防装修队偷梁换柱。同时，除了签订本市统一的装修合同，还可以与装修公司签订补充合同，明确各项权利，具体的版本可上网搜索。还要把握好各个关键节点的验收和付款环节，如有可能，在每次验收和付款时，本人必须到场。此外，还可以聘请独立监理，监督工程队的各项工作。

◎优点：相对省时、省力、省心，责权较清晰；一旦装修出现质量问题，装修公司无法推脱责任。

◎缺点：费用较高；由于材料种类繁杂，价格不易掌握，装修户了解甚少，很容易上当。

学会计算装修面积

 一、进行设计前的装修测量

1. 测量前的准备工作

需要准备的材料	
拉尺	最好是长 6 米的，如果太短，要分许多次量度，会十分麻烦
白纸	A3 或 A4 白纸
不同颜色的笔	例如，铅笔（最好为 HB 的），蓝、红、黑色签字笔（圆珠笔也可以）等，还有橡皮

2. 进行测量的步骤

※ 先画平面草图

先在白纸上把要量度的房间用铅笔画出一张平面草图，只是用眼来观察，单用手画，不要使用尺。可由大门口开始，一个一个房间连续画过去。把全屋的平面画在同一张纸上，不要一个房间画一张。记得墙身要有厚度，门、窗、柱、洗面盆、浴缸、灶台等一切固定设备要全部画出，画错了擦去后改正。草图不必太准确，样子差不多即可，但不能太离谱。

※ 画完草图再测量

使用拉尺放在墙边地面测量。在每个房间内以顺（或逆）时针方向一段一段测量，量一次马上用蓝色笔把尺寸写在平面图相应的位置上。用同样的办法量度立面，即将门、窗、空调器、吊顶、灶台、面盆柜等高度，记录下来。用红色笔在平面图和立面图上写上原有水电设施位置的尺寸（包括开关、顶棚灯、水龙头、煤气管的位置等）。

二、顶面、墙面、地面面积的计算方法

1. 顶面面积的计算方法

顶面（包括梁）的装饰材料一般包括涂料、吊顶、顶角线（装饰角花）及采光顶棚等。顶面施工的面积均按墙与墙之间的净面积以“平方米”计算，不扣除间隔墙，穿过顶面的柱、垛和附近烟囱等所占的面积。顶角线长度按房屋内墙的净周长以“米”计算。

2. 墙面面积的计算方法

墙面（包括柱面）的装饰材料一般包括涂料、石材、墙砖、壁纸、软包材料、护墙板、踢脚线等。计算材料所需面积时，材料不同，计算的方法也不同。

类别	概　述
涂料、壁纸、软包材料、护墙板	这类材料的面积计算为长度乘以高度，单位以“平方米”计。长度按主墙面的净长度计算；高度的计算方式为：无墙裙的从室内地面算至楼板底面，有墙裙的从墙裙顶点算至楼板底面；有吊顶的从室内地面（或墙裙顶点）算至顶棚下沿再加 20 厘米。门窗所占面积应扣除，但不扣除踢脚线、顶角线，单个面积在 0.3 平方米以内的孔洞面积和梁头与墙面交接的面积
镶贴石材和墙砖	按实铺面积计算，以“平方米”为单位
安装踢脚板	面积按居室内墙周长计算，单位为“米”

3. 地面面积的计算方法

地面面积的计算及地面的装饰材料一般包括：木地板、地砖（或石材）、地毯、楼梯踏步及扶手等。地面面积按墙与墙间的净面积以“平方米”计算，不扣除间隔墙以及穿过地面的柱、垛和附近烟囱等所占面积。楼梯踏步的面积按实际展开面积计算，以“平方米”为单位，不扣除宽度在 30 厘米以内的楼梯井所占的面积；楼梯扶手和栏杆的长度可按其全部水平投影长度（不包括墙内部分）乘以系数 1.15，以“延长米”计算。其他栏杆及扶手长度直接按“延长米”计算。

装修省钱关键点 The key point

Point 8 做好监督工作，防止装修公司虚报面积

装修前，装修公司都会对居室的面积进行实地测量，测量的目的有两个：一是通过测量计算出各种材料的使用量，二是为了测算出装修的总款项。但是个别装修公司往往会利用此次测量机会，虚报装修面积，这样装修公司的部分利润就可以通过这种方式获得。

大多数情况下，面积的测量都是由装修公司代劳，业主只需在一旁记录。这时候，千万别只顾着认真记录，一定要多留意装修工的手势，其手势一变，可能就多出了几厘米。不要小看这几厘米，积少成多，冤枉钱也就这样出来了。因此，在测量中，业主一定要做好监督工作。

省钱关键：选择靠谱的装修公司

装修公司是集室内设计、制作预算、施工、购买材料于一体的专业化设计公司。其职责范围包括前期装修设计、装修材料选配、装修施工、后期配饰、保修维护等几个阶段。选择一个靠谱的装修公司，不仅可以让其设计出符合心意的家居空间，也可以在一定程度上节省预算资金，避免造成成本过高。

了解不同类型的装修公司

装修之前，需要做些准备工作，对市场与装修公司进行充分了解，对家庭装修是有益处的。包括了解家装中所需的材料，如家具、瓷砖地板、壁纸、乳胶漆、电器等，了解装修公司之间的异同及如何选择。这些前期工作是必不可少的，可以减少不必要的资金支出与施工时的麻烦。

1. 连锁店类装修公司

全国各地都有这类装修公司的分店，或者一个城市内各处分布着这类装修公司，带给人一种公司规模庞大的感觉。其实并不然，很多这类型的装修公司，是属于加盟的性质，挂着相同的公司名字，却各自独立。如果是这样业主应该警觉，因为不同的装修公司之间往往拥有不同实力的装修队伍，因此其施工质量的高低、设计水平的好坏，不具备可参考性。不能盲目相信连锁店规模带来的虚假繁荣。

◎优点：公司制度完备，流程清晰。业主会减少许多不必要的麻烦，责任分工更清晰。

◎缺点：各个公司之间相对独立。不能保证拥有稳定的、同一水平的施工队伍与设计师队伍，参差不齐的现象明显。

2. 租用写字楼的、小型装修公司

这类装修公司往往倾向于主动地了解业主。因此，在设计的服务上是贴心的，更注重业主的心理感受。施工队伍往往是老板的朋友。公司构架简单，解决问题随意。设计水平往往因设计师的个人见识受到限制。施工的水平更应当以真实见到的施工户型为标准。在签订施工合同时，一定要看好细节，划分好责任，这样可避免施工过程中出现无法协调解决的问题。

◎优点：公司服务热情，关心业主的每一个问题。施工比较集中，且施工质量优秀。

◎缺点：公司没有明确的管理体系，容易导致后期施工的拖延。设计师水平不高。

3. 龙头类型的装修公司

有些装修公司属于行业内的龙头企业，拥有庞大的规模与技艺精湛的设计团队。对于施工队伍的管理，有细致、明确的规章制度。选择这类装修公司，令人有放心的感觉，但却受阻于高昂的装修费用（人工与辅材的费用往往超出一般的装修公司许多）与设计师冷漠的服务态度。这类装修公司集家居展示、施工展示为一体，方便业主了解装修的具体情况。

◎优点：施工队伍的工作质量高，设计师水平往往不错。科学化的管理，减少业主的装修烦恼。

◎缺点：装修价格高，很难依据业主的意愿做事。

4. 设计工作室

这类装修公司的运营方式是以设计为主、施工为辅，多是一些有丰富设计经验的、行业工作时间久的设计师建立的装修公司。在家装设计上，他们有独到的见解，可以提供符合家庭格局的设计方案，化解户型难题。其设计费高昂，适合对设计有高要求的人群。施工队伍可信赖度高，一般是设计师常年合作的施工队伍。因大多数设计工作室制度不完备，所以审核预算时应细心。

◎优点：拥有丰富的设计经验与独到的设计手法，可以打造出业主理想中的住宅空间。

◎缺点：设计费高，施工队伍的工作能力难以确定。

5. 一站式装修公司

这类的装修公司不强调设计，而是全部模式化的家居设计。例如，客厅有成品的电视墙、固定的吊顶造型、几种可选择的沙发组合，餐厅、卧室及其他空间都是这种方式。这种运营方式，可以提供给业主更直观的家庭装修效果，实景的展示空间一目了然。但在这种方式下，会产生雷同的家居空间，使空间失去设计的灵活性与唯一性。适合对设计要求不高、希望施工简化的人群。

◎优点：可以感觉到家庭的设计效果，简化的施工方式，减少了业主的烦恼。

◎缺点：千篇一律的设计，缺乏设计的唯一性与灵活性，缺少品位。

装修省钱 The key point 关键点

Point 9 深入考察所选的装修公司

①看公司是否有营业执照、资质证书，是否有设计和施工的能力。

②看公司是不是有诚意，每个员工、每个部门是否都用心、出力。

③看公司的售后服务是否热情、方便快捷、一步到位。

④可以去参观公司已经完成的工地，最主要看最不起眼的位置，这样很快能了解该公司的责任意识。

⑤看该公司正在施工的工地，了解其设计、施工水平，施工工具是否齐全，管理是否到位等。

⑥看该公司的预算透明程度，还要了解其定价是不是合理，是不是一看就明白。

◎与装修公司沟通的要点

①设计沟通：向设计师表明预算、爱好、职业、装饰材料的选择、物品的取舍等情况。

②材料沟通：让设计师告知所选用装修材料的产地、品牌、颜色、规格、价格等信息。

③报价沟通：装修报价最好有每项工程所需材料的单价和工艺说明；明确每项单价的计量方法。

学会与装修公司的谈判技巧

一、与装修公司洽谈前需要做的准备工作

1. 要了解主要材料的市场价格

家装的主要材料一般包括：墙地砖、木地板、油漆涂料、多层板、壁纸、木线、电料等。掌握这些材料的价格会有助于在与装修公司谈判时控制工程总预算，使总价格不至于高得太离谱。

2. 要了解常见装修项目的市场价格

家装工程有许多常见项目，如贴墙砖、铺地砖或木地板等，这些常见项目往往占到中、高档家装总报价的 70% ~ 80%。对这些常见项目的价格做到心中有数，会有助于业主量力而行，根据自己的投资计划决定装修项目，也可以预防一些装修公司在预算中漫天要价。

3. 要了解与其合作的装修公司情况

在初步确定了几家装修公司作为候选目标以后，要尽可能地多了解一些关于这些公司的情况，以便于进行下一步的筛选工作。具体方法可以是：如果这家公司位于家装市场中，可以去市场办公室请工作人员介绍一下该公司的情况，或者以旁观者的身份在旁边观察这家公司，如他们是怎样和客户谈判的，有无客户投诉及投诉的内容是什么。

4. 要清楚希望做的家装主要项目

根据投资预算决定了关键项目以后，就要有目的地了解、掌握相关的知识，因为这些关键项目也许会决定业主的家居经过装修后的整体效果，千万不要在谈判时让装修公司看出自己一点也不懂而受到欺骗。

二、了解与装修公司需要谈判的问题种类

问题类别	具体问题
效果方面	如果采用对方推荐的材料或样式会达到什么样的效果
工艺方面	如果用这种方法去做比用其他方法有哪些优点
价格方面	装修公司认为他们的方案在价格上有什么优势
工期方面	用这个方案工期会延长还是缩短

装修省钱关键点
The key point

Point 10 对家居情况了如指掌，在谈判时才能省时省钱

在与装修公司洽谈前，如果业主没有做好必要的准备工作，洽谈可能会因为资料不足而不能进行下去；相反，做好了准备工作就可以高效、清楚地进行谈判。因此以下几项准备工作业主需要了解：

①有尺寸的、详细的房屋平面图，最好是官方（物业等部门）出具的。

②将各个房间的功能初步确定下来，拿不定主意的可以留待与设计师讨论，这些问题要尽量与家人统一思想。

③分析自己的经济情况，根据经济能力确定装修预算。重点考虑装修所需的费用，更换家具、洁具、厨具、灯具等费用，向物业管理部门缴纳的费用等。

读懂装修公司的报价

一、预算报价中的内容

1. 报价单中应包含的内容

一份合格的报价单绝对不是简单报个价，它至少要包括项目名称、单价、用材数量、工程总价、材料质量、制造和安装工艺技术标准等。如果缺少以上六个方面中的一项，就不是一份合格与完整的报价单。

2. 了解报价单中最重要的内容

很多业主拿到报价单后，首先看的就是价格一栏，报价低了就认为可以，报价高了就一个劲儿地砍价。其实，这样做是错误的。如果价格没有与材料、制造或安装工艺技术标准结合在一起，或者说，报价单所报的价格没有注明所使用的是何种材料或只有材料说明，但没注明材料产地、规格、品种等，该报价就是一个虚数或是一个假价。所以，报价单中最重要的和最需关注的不是价格，而是“材料质量”和“制造安装工艺技术标准”这两栏。

3. 装修预算书要有附件

附件主要有：原始户型图、装修户型图、水电施工图、开关插座布置图、吊顶设计图，如果有衣柜、橱柜、壁柜、背景造型这些内容，需要出具这些工程的局部放大图，标清其制作的工艺和尺寸。如果必要，还应该附有材料使用详细清单、工程进度表等。

通常情况下，只有在业主交了部分定金后，装修公司才会出详细的水电施工、开关布置、细部设计等图纸，初期的意向洽谈一般只做设计方案和项目报价，让业主大概了解设计方案和装修价格，一旦业主对设计方案和价格比较满意后，交纳一定定金，装修公司就必须细化各个项目，准确测量尺寸，将装修预算书精确化。之后业主就要认真审核报价书的各个项目了，确认后，就可以签订装修合同。

二、了解常见的预算报价方法

1. 全面调查，实际评估

在对建筑装饰材料市场和施工劳务市场调查了解后，制定出材料价格与人工价格之和，再对实际工程量进行估算，从而算出装修的基本价，并以此为基础，计入一定的损耗和装修公司既得利润即可得到预算报价。在这种方式中，综合损耗一般设定在5%~7%，装修公司的利润可设在10%左右。

例如：根据业主要装修三室两厅两卫约 120 平方米建筑面积的住宅，按中等装修标准，所需材料费约为 50 000 元，人工费约为 12 000 元，那么综合损耗约为 4300 元，装修公司的利润约为 6200 元。以上四组数据相加，约为 72 000 元，这就是方法一所估算的价格。

运用这种计算方法比较普遍，对于业主而言测算简单，容易上手，可通过对市场考察和周边有过装修经验的人咨询即可得出相关价格。然而因装修方式、材料品牌、装饰细节的不同，因此在价格上会存在差异，不能一概而论。

2. 了解同档次房屋的装修价格

对同档次已完成的居室装修费用进行调查，所获取到的总价除以每平方米建筑面积，所得出的综合造价再乘以即将装修的建筑面积，得出的就是装修价格。

例如：新房中高档居室装修的每平方米综合造价为 1000 元，那么可推知三室两厅两卫约 120 平方米建筑面积的住宅房屋的装修总费用约为 120 000 元。

这种方法可比性很强，不少装修公司在宣传单上印制了多种装修档次价格，都以这种方法按“米^2”计量。例如：经济型为 400 元 / 米^2；舒适型为 600 元 / 米^2；小康型为 800 元 / 米^2；豪华型为 1200 元 / 米^2 等。业主在选择时应注意装修工程中的配套设施（如五金配件、厨卫洁具、电器设备等），是否包含在内，以免上当受骗。

3. 分项计算工程量

对所需装饰材料的市场价格进行了解后，分项计算工程量，从而算出总的材料构置费，然后再计入材料的损耗、用量误差、装修公司的毛利，最后所得即为总的装修费用。这种方法又称为“预制成品核算”，一般为装修公司内部的计算方法。

4. 对综合报价有了解

通过比较细致的调查，对各分项工程的每平方米或每米的综合造价有所了解，计算工程量，将工程量乘以综合造价，最后计算出工程直接费、管理费、税金，所得出的最终价格即为装修公司提供给业主的报价。

这种方法是市面上大多数装修公司的首选报价方法，名类齐全，内容详细、丰富，可比性强，同时也成为各公司之间相互竞争的有力法宝。

在拿到这样的报价单时，一定要仔细研究。第一，要仔细考察报价单中每一单项的价格和用量是否合理；第二，工程项目要齐全；第三，尺寸标注要一致；第四，材料工艺要写清；第五，还应该说明特殊情况的预算。

签合同要做到心知肚明

一、洽谈装修合同时的要点

1. 工期约定

一般两居室 100 米² 的房间，简单装修工期在 35 天左右，装修公司为了保险，一般会把工期定到 45 ~ 50 天，如果着急入住，可以在签订合同时与设计师商榷此条款。

2. 付款方式

装修款不宜一次性付清，最好能分首期款、中期款和尾款付款等。

3. 增减项目

装修过程中，很容易增减项目，比如多做个柜子，多改几米水电路等，这些都要在完工时交纳费用。因此在追加时要经过双方书面同意，以免日后出现争议。

4. 保修条款

装修的整个过程主要以现场手工制作为主，所以难免会出现各种各样的质量问题。保修时间内如果出了问题，装修公司是包工包料全权负责保修，还是只包工、不负责材料保修，或是有其他制约条款，这些都要在合同中写清楚。

5. 水电费用

装修过程中，现场施工都会用到水、电、煤气等。一般到工程结束，水电费加起来是笔不小的支出，这笔费用应由谁来支付，在合同中也应该标明。

6. 按图施工

合同上要写明“严格按照签字认可的图纸施工”，如果在细节尺寸上与设计图纸上的不符合，可以要求返工。

7. 监理和质检人员到场的时间和次数

一般装修公司都将工程分给各个施工队来完成，质检人员和监理是最重要的监督者，他们到场巡视的时间间隔，对工程的质量尤为重要。因此监理和质检人员，每隔 2 天应该到场一次。设计师也应该 3 ~ 5 天到场一次，看看现场施工结果和自己的设计是否相符。这些在合同签署时也应标明。

一般情况，当合同中有下列条款时，业主基本可以考虑在合同上签字

□合同中应写明甲乙双方协商后均认可的装修总价

□工期（施工和竣工期）□质量标准

□付款方式与时间［最好在合约上写清“保修期最少 3 个月，无施工质量问题，才付清最后一笔工程款（约为总装修款的 20%）］

□注明双方应提供的有关施工方面的条件

□发生纠纷后的处理方法和违约责任

□有非常详细的工程预算书（预算书应将厨房、卫浴间、客厅、卧室等部分的施工项目注明，数量应准确，单价要合理）

□应有一份非常全面而又详细的施工图（其中包括平面布置图、顶面布置图、管线开关布置图、水路布置图、地面铺装图、家具式样图、门窗式样图等）

□应有一份与施工图相匹配的选材表（分项注明用料情况，例如，墙面瓷砖，在表中应写明其品牌、生产厂家、规格、颜色、等级等）

□对于不能表达清楚的部分材料，可进行封样处理

□合同中应写有“施工中如发生变更合同内容及条款，应经双方认可，并再签署补充合同”的字样

二、选准签订合同的时间

当合同中下列条款含糊不清时，业主不能在合同上签字

□装修公司没有工商营业执照

□装修公司没有资质证书

□合同报价单中遗漏某些硬装的主材

□合同报价单中某个单项的价格很低

□合同报价单中材料的计量单位模糊不清

□施工工艺标注得含糊不清

装修省钱关键点 The key point

Point 11
细化装修合同的内容

大多数业主在装修时都非常注重装修的整体费用和装修设计，在签合同时也会特别注意装修材料、工艺、工期等方面的约定，而忽略了装修款的支付方式等问题，甚至有些合同还没有对其进行明确的约定，结果在施工过程中常常因某笔款项的支付时间不明而产生纠纷，从而影响工程进度和装修质量。其实，业主在签订装修合同时，就要在合同中明确装修款的支付方式、时间、流程等，以及违约的责任及处置办法等，合同约定得越仔细，纠纷产生的可能性就越小，装修的时间和质量才会得以保证。

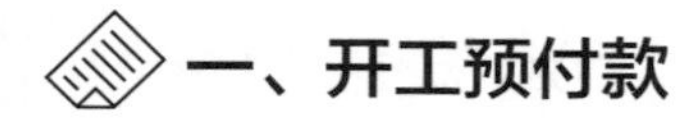

约定好装修款项的预付周期

一、开工预付款

1. 了解开工预付款

开工预付款是工程的启动资金，应该在水电工进场前交付。用于基层材料款和部分人工费，如木工板、水泥、砂子、电线、木条等材料费，以 30% 为宜。

2. 交付开工预付款的时间

工程进行一半后，可考虑支付工程款的 30% ~ 50%。因为这时基层工程已基本完成并验收。而饰面材料往往比基层材料要贵一些，如果这时出现资金问题，最易出现延长工期的情况。如果一次性支付的金额较大，可分 2 ~ 3 次支付，但间隔时间可短些，每次支付的金额可相对少些，以杜绝装修公司将大笔资金挪作他用。

3. 开工预付款用途

预付款可以更好地保证工程质量。对于工程质量可根据《建筑装饰工程质量及验收规范》（GB50210-2001）上所规定的标准进行验收，即便实际上不可能完全按标准去验收，但合同中有这样明确的规定，则会对施工行为起到制约作用，能够最大限度地保护业主自身的利益。

二、中期进度款

1. 了解中期进度款

随着工程进度的推移，业主应该学会掌握中期进度款的支付数量。最先的预付款一般都是基层材料款和少量人工生活费，比如一开工就要使用的材料（木工板、水泥、电线、木条等）的费用都由预付款支付。那么中期进度款就是进一步的材料费用。

2. 交付中期进度款的时间

中期进度款应该是装修工程中期的时候交付的，因此可以在装修工程中期交付。

3. 中期进度款用途

中期进度款一般应支付总工程款的 30% ~ 50%，因为饰面材料往往较基层材料贵一些，如果这个时候出现资金问题，最易出现延长工期的情况。

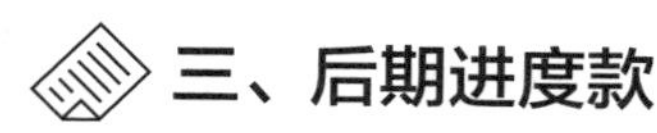

三、后期进度款

1. 了解后期进度款

后期进度款应该是在工程后期所交付的费用。主要是用于后期材料的补全及后期维修、维护的费用。

2. 交付后期进度款的时间

后期进度款一般在油漆工进场后交付，约为工程款的 30%。期间如发现问题，应尽快要求装修公司整改。

3. 后期进度款的用途

在交付后期进度款后应做家装的最后验收，在发现问题时应及时与装修公司进行联系，并要求其进行整改。

四、竣工后尾款，验收合格后付款

1. 了解竣工尾款

竣工尾款换言之就是在工程尾段完成的时候所交给施工队的最后一笔款项。交完这笔款项后，整个装修付款流程结束。

2. 交付竣工尾款的时间

工程全部完工，竣工验收合格，并将现场清理干净后就可以支付最后的尾款了，如果验收不合格，可在整改合格后再行支付。如超过工期，也应该由装修公司承担延期交工的违法责任，如双方对此有异议，可请相关监督部门协调解决，直至双方都满意后，才结清款项。

找到合适的设计师

一、需要找设计师的业主

1. 没有可自由支配时间的上班族

装修是非常花时间和精力的事情，在还没装修前，得先收集包含设计、监工及价格等资料，做好功课；一旦工程开始进行，几乎天天都要到工地去监工，还要到处寻找建材及采购家具等。若是上班族，最好还是找设计师。

2. 完全不具备装修方面的专业知识

装修其实是一项很专业的工作，如果装修队看不懂你画的图便很难施工，更不要说平面配置。找设计师设计比较保险。

3. 设计及使用的建材过于复杂

若是偏好特殊的设计，如圆弧形的顶棚、室内景观池等，或是喜欢使用稀少或最新颖的建材，找设计师比较合适。

4. 要求高施工品质

如果对施工品质有极高的要求，最好还是找设计师。因为专业的设计师对材质及工法都很熟悉，有时施工队做不出来的，设计师可以帮助解决。

5. 喜欢特定风格

对风格有特殊喜好者，尤其是古典风格的偏好者，相较于现代风格，古典风格有其固定的特征及元素，家装时更重要的是比例的掌握，稍有不慎很容易“画虎不成反类犬”。

二、需要找设计师的屋况

1. 房屋老旧

房龄超过 20 年，从未进行过任何装修，不仅房屋老旧，还有严重的漏水问题，顶棚、地板、壁面及门窗都得更新的老房。

2. 结构有问题

房屋建筑结构有问题。例如，建筑物严重的偷工减料、地震造成损伤及采光极度不良等。

3. 格局需要大动

现有格局不符合需求，需要做很大幅度的调整，格局变动很大。

4. 使用面积太小或特殊建筑物

特殊建筑物指挑高空间需要做夹层的户型，因为夹层并不属于建筑原始结构，需要做专业的结构计算及规划；另外，使用面积太小的房屋，因为空间小，要更懂得创造空间效果。若没有具备相当专业的能力，在空间利用上则很难把握。

5. 房屋问题多

一般房屋最容易出现的问题，莫过于梁、柱等。若问题不严重，可以用包柱或封顶棚来解决，但要是梁、柱的问题已经影响到整体空间感，最好还是寻求设计师的帮助；另外，顶棚低矮是现代建筑最常出现的问题，尤其是挑高楼层的顶棚，还有消防洒水头等。

6. 室内格局怪异

并不是所有的建筑物都一定是方方正正的。多角形、倒三角形等不规则的奇怪格局也很常见，这种房型不是一般人可以应付的，最好还是找设计师。

7. 现有格局不符合需求

有的格局不符合新主人的需求，希望再拓宽一些使用空间。例如，三室要变成四室，如何在现有的空间中创造实现，这也需要专业设计师给予解决方案。

三、找到合适设计师的渠道

1. 通过亲友、同事推荐来找设计师

装修之初，可以跟周围亲友及同事打探一下，看谁近期装修过房子，请他们推荐设计师。如果可以，到他们家去参观，看设计师的设计理念是否符合自己的心意。如果与自己的装修理念相符，则可以向亲友、同事打听这个设计师的施工品质、设计规划、收费标准及售后服务等问题。

◎优点：因为亲友、同事是亲身体验，而且也看得到设计完成后的空间，所以较值得参考。

◎缺点：若找的设计师就是自己的亲友，有问题也不好意思反映，反而容易委屈自己。

2. 通过装修类的杂志来找设计师

要了解室内设计师，就一定要看他的作品。现在很多装修类杂志上，都会刊登一些设计师的设计作品，并对该设计师有简单的介绍。如果设计师的作品合自己眼缘，则不妨多观察几期，在充分了解了其作品后再作决定。

◎优点：看得到设计师的作品及其设计的理念，可以从中做出判断；一般口碑比较好的设计师大多设计水平较高。

◎缺点：杂志上的照片多经过美化；收纳做得好不好或是否实用，不太容易辨别。

3. 通过中介、承包商找设计师

中介公司和装修公司常会有合作的室内设计师，可以请他们推荐。但中介和承包商大多会跟设计师收取佣金，他们推荐的是否合适难以辨别。最好自己亲自参观所推荐的设计师装修过的房子。如果做不到，也可以请他们介绍认识装修过房子的业主，实地考察设计师的作品。

◎优点：较为省时、省事。

◎缺点：因为会收取佣金，很难客观介绍。

4. 通过实品房、样品房参观来找设计师

若买的房子是现房，多半有实品房及样板房可以参观。有些房地产开发公司为了吸引购房者，会一次装修 4~5 套房子，让购房者连装修一起购买。因为是一次装修多户，装修费用会比较便宜。但也因为装修是为了卖房子，所以装修不一定符合购房者的实际需求。

◎优点：对空间格局较为了解，且装修费用也较为便宜。

◎缺点：风格不能自主选择，且施工品质需要经过确认。

5. 通过网络来找设计师

网络市场的兴起，也让找设计师多了一个渠道，能让更多的业主能找到自己中意的设计师。而对于业主来说，通过这种方式寻找设计师也更加便捷，只要坐在电脑前，就可以看到设计师的作品，而且一次可以看很多案例。有些设计师还有博客，不仅可以看到其作品，还可以了解每个案例的设计故事及设计师的设计理念。

◎优点：省时、省力，只要有台电脑即可。

四、设计师的工作平台

1. 个人工作室

通常只有设计师一个人，最多加个助理。所以设计师从设计、施工、行政财务到客服都要自己来。一般年轻设计师开始的创业都是以个人工作室起家，但也有些资深设计师坚持以个人工作室模式服务业主，绝不依赖他人，每年只固定接几个装修工程，以确保服务品质。

◎优点：若是刚创立的个人工作室，因为只有一个人，服务成本较低，所以在设计费与施工费的收取上会有弹性；若是知名个人工作室，则收费通常较高，从头到尾都是设计师一个人负责。

◎缺点：工作量较少，工程及材料的成本通常会较高。因为是个人工作室，万一发生纠纷有可能人去楼空。

2. 专业设计工作室

这种设计公司最常见，公司人数通常在 5 人左右，配置的人力有：设计师、设计师助理、监工、行政兼财务人员。受人力限制，承接工程有限，通常设计是由主设计师负责。

◎优点：收费有弹性，不过也视设计师个人知名度而定，知名度较高的设计师，没有一定的装修预算不承接，因为多由知名设计师负责设计，设计品质较高。

◎缺点：若业务量超过其承受能力，易造成工期拖延。

3. 中小型装修公司

公司人数多在 6 ～ 20 人不等，人数多的公司，部门的编制也较为完整，而且设计部门不会只有一位设计师。有越来越多的设计公司认为设计是服务行业，还会成立专门的客服部，专门处理售后的相关事宜。

◎优点：编制完整，人力也较为充足，不怕找不到人，因为接活量多，成本相对也较低。

◎缺点：因为不止一位设计师或工长，若主持设计师或负责人管理不当，很容易发生品质参差不齐的状况。

4. 大型装修公司

这类公司不止一家设计公司，会按装修预算的不同而有不同的设计公司对应服务，部门编制完整，有统一的行政财务与客服，还有专门的采购部门，负责建材及家具、家饰的采购。

◎优点：资源多、人力充足，设计风格也较为多元。服务较为周到，工程量多，可以控制成本，经验也较为丰富。

◎缺点：若设计师或负责人管理不当，很容易发生质量参差不齐的情况。

五、设计师的工作内容

1. 纯做空间设计

通常只收设计费，在确定平面图后，就要开始签约付费，多半分两次付清。设计师必须要给业主全部的图纸。包含平面图、立面图及各项工程的施工图（包含水电管路图、柜体细部图、顶棚图、地面图、空调图等数十张图）。此外，设计师还有义务向业主及工程公司或装修队解释图纸，若所画的图无法施工，也要协助修改解决。

2. 设计连同监工

设计师不仅负责空间设计，还须帮业主监工。所以设计师除了要出设计图及解说图外，还必须负责监工，定时向业主汇报工程进展情况（汇报时间由双方议定），并解决施工过程中遇到的问题，费用多分为 2~3 次付清。

3. 从设计、监工到验收

一般设计师较喜欢接的是从设计、监工到施工的工程。因为设计出来的效果最能符合当初的设想，而且装修队因常与设计师合作，比较了解设计师的设计手法。所以，设计师不只是要出所有的设计图，还必须帮业主监工，并安排工程、确定工种及工时，同时挑选材料、解决工程中的各种问题，完工后还要负责验收工作及日后的保修，保修期通常是 1 年，内容则依双方的合同约定。付费方式：签约付第一次费用，施工后按施工进度收款，最后会有 10%~15% 的尾款留至验收完成后付清。

◎设计师的服务流程及工作内容

现场勘查及丈量空间尺寸 → 平面规划及预算评估 → 签订设计合同 → 进行施工图设计，并确认工程内容及细节 → 确认工程估价，包含数量、材料、施工方法 → 签订工程合同 → 确定施工日期及各项工程工期 → 工程施工及监工 → 完工验收 →

六、设计师的收费方式

1. 设计费

设计费的高低与设计师的知名度有关。知名度越高，收费越高；若工程也是交由设计师打包，有些设计师会将设计费打折，具体不定，5 折到 9 折不等。

◎计算方法一：按面积计算，每平方米 100 ~ 1000 元不等。

◎计算方法二：按一室来算，不管面积大小，费用从几千元到几万元不等。一般按装修总金额来计算，为总金额的 10% ~ 20%。

2. 工程费

按实际施工的工种及工时来计算。由于每个设计师找的装修队不同，工人的技术也不同，有些木工会比较贵，有些则是水电工费用较高，很难做单项的比较，重要的还是总金额是否符合业主的预算，还有呈现的工程品质是否符合工程价值。

3. 监工费

监工费一般占工程总金额的 5% ~ 10%。有些设计师会将设计费与工程费合并收取，每个人的计费方式不同。由设计师在施工期间代为监工，必须支付费用，若工程有问题，设计师要全权负责解决。

装修省钱关键点 The key point

Point 12 学会与设计师沟通

初期选择设计师，一定要学会沟通，比如拿着图纸将自己的大概想法告诉设计师，然后听设计师结合其经验在你的考虑上进行二次创作，看设计师能否在短时间内看出新房的空间弊端，并给出解决办法，能否在全面考虑的情况下，同时为业主节省开支。

Point 13 防止设计师拿回扣

为了防范设计师拿回扣不合理行为的发生，业主买建材时不要带设计师；不要过多听取设计师推荐的建材，在装修的过程中，多咨询有相关装修知识的朋友。

Point 14 提防设计师的“免费设计”陷阱

有的设计师用不收设计费来招揽顾客，但这些设计师往往会与建材商协议，只要设计师在设计中使用了他们的材料，最后由建材商给设计师或装修公司返款。正所谓“羊毛出在羊身上”，设计费省下来了，但材料费却大幅提高了。

选对装修队，为施工质量把好第一关

一、找对装修队的途径

1. 亲戚朋友的介绍

一直以来，这个渠道是找装修队的主要渠道。例如，新近刚装修完的业主，因为感觉给自己装修的装修队，无论做工还是质量乃至造价都比较不错，所以就推荐给自己周围的人。

◎优点：亲戚朋友推荐之前，已考察了装修队的诸如能力、信誉等情况，再加上有实际的装修实例作说明，选他们推荐的装修队一般还是比较稳妥的，并且免去了东奔西跑的辛苦。

◎缺点：要避免熟人介绍熟人的现象。

2. 建材市场

去建材市场寻找装修队，是业主最常用的方法。在业主购买大量装修材料的店铺，如卖瓷砖、地板、木工材料的店铺，店主会热情地向业主介绍装修队。

◎优点：业主免去了寻找装修队的麻烦。

◎缺点：在店主人的介绍下，业主应当多去观察几处装修队正在施工的工地，通过现场的实际了解，确定是否与装修队合作，这样比较费时间。

3. 装修公司

在市场上存在大量装修公司的情况下，平时工作繁忙的业主常会将设计与施工一同交由装修公司负责。装修队通常是装修公司内定的施工队伍，或者是与设计师长久合作的装修队。

◎优点：便捷，可以省去很多时间。设计与施工交由一家装修公司负责，可以令设计与施工的衔接更顺畅。

◎缺点：不能通过考察装修队的施工质量进行选择。

二、装修队所负责的家装项目

1. 装修队的承接项目

项目种类	种类细分
土建工程	砌砖、抹灰、钢筋制作绑扎、混凝土、模板等
装饰工程	新房装修、旧房改造等
防水工程	厨房、卫浴间、房顶防水等

2. 装修队的工种介绍

工种种类	负责项目内容
瓦工	砌砖、抹灰、铺地砖、贴墙砖等
木工	铺木地板、木门（制作、安装、包门窗套、垭口）、安装吊柜、安装衣柜、安装橱柜、安装铝扣板顶、安装铝塑板顶、安装石膏板顶等
油工	刮腻子、刷油漆、贴壁纸、贴墙布等
水暖工	水管道安装、水管道改造、暖气安装、暖气拆除等
水电工	水路、电路的设计、铺设、安装、改造等工程

三、好的装修队应具备的条件

1. 报价合理

报价是装修中最重要的一个部分，报价基于装修工程所用的工费、材料和工艺的选择情况，也就是说报价的高低与选用的材料价格、施工工艺的难易度、用工多少是分不开的。市场上装修队的报价大体上可分为四种，最低的是游击队，然后是挂靠公司的小公司，再然后是中档次的公司，有名气的装饰公司宣传的力度很大，档次最高。当然，报价时公司要考虑公司的消费、利润情况，游击队要考虑工人的工资，所以不论选择什么档次的装修队，都要大致了解这个档次的报价情况，只要符合市场行情就差不多了。

2. 装修队的现场应整齐规范

看施工队的现场主要看五个方面：卫生情况、安全措施、材料码放、工人食宿、工人素质。现场卫生，能够体现施工人员的基本素质，现场应该干净、卫生，没有烟头、垃圾。所有的装饰材料要分类码放整齐，施工现场最起码要放两个灭火器，作为防火的安全措施。施工人员不许现场食宿，若赶进度业主是特许的，但不能明火做饭，要自带坐便器，绝对不允许在卫浴间使用马桶。对去现场查看施工的业主，施工人员要能主动地打招呼。

3. 装修队所用的材料为优质环保材料

要看现场装修队所用的材料是不是优质环保的材料。比如，板材是不是无甲醛的，墙漆是不是名牌，油漆是不是聚酯的等。施工方买的辅材还应有电线，要看电线套管是不是国标要求的厚度是 1.5 毫米，用手一捏就扁了的均为次品。

4. 施工队所用的工具应齐备

目前电动化的施工工具逐渐增多，装修队中水、电、油、木、瓦这几个工种，每个工种都应备齐各自常用的工具。如果装修队的工具可以达到下面表格中的标准，则证明这个装修队非常专业，没干几年的装修队，是不具备这种实力的。

工　种	备齐的工具
水工	打压器、融管器、管钳、涨口器、扳子、切管器、陨石切割器
电工	万能表、摇表、陨石切割器、钳子、螺丝刀、改锥、电笔、三项测电仪、围管器、锡焊器
油工	气泵、喷枪、排笔、辊子、搅拌器
木工	电锯、电刨子、电钻、气泵、气钉枪、角尺、墨盒、测湿仪、靠尺、线坠、手锯、手刨、扁铲、斧头、凿子、弓子据、修边机、螺丝刀、直尺、盒尺
瓦工	电锤、测平仪、大铲、橡胶锤、线坠、杠尺、靠尺、抹子、瓦刀、方尺

5. 装修队的技术要纯熟

施工技术是好的装修队应具备的最关键的一个条件，一个好的装修队已经具备纯熟的技术。比如改电时，敷电线套管 1 ~ 1.5 米要有一个固定点；管与管相连接处要用管接，加 PVC 胶；接线盒与接线盒之间的套管拐弯不许超过两个；套管的容量小于 60%，留有 40% 的空间，保证所改动的电线能够置换；所使用的导线要分色等。

6. 装修队对工程款不会逼太紧

家庭装修的合同原本上是非常公平的，但是从付款方式上来讲其是保护装饰企业的，对消费者非常不利。往往工程不到中期，业主就要付 95% 的工程款，后期就只能被施工队牵着鼻子走，因此业主要和施工方重新谈付款方式来充分地保护自己的利益，如果是好的装修队，对自己的技术等方面都十分有把握，则不会在工程款的预付上太过纠缠。

Point 15
与装修队签订合同，要把所有施工项目确定完整

在签订合同前一定要把所有的施工项目确定清楚，一旦丢项、漏项，后期就会产生麻烦。家装中容易被丢项的项目有六个方面：水电路改造、贴补处理、做防水、地面找平、包立管、做踢脚线。这几项往往施工方都不报总价，只是报单价，而工程量都是不定数，目的就是为给后期加项留下余地。尤其是水电路改造只报单价，不报工程量，施工中就放开了手脚，于是任意绕线、重走线、报虚数的极多。因此这些问题一定要提前说清楚，才能在施工过程中降低预算。

Point 16
不要轻信装修队承诺的短期完工

有些业主为了用赶工期来节约成本，常催促装修队加快装修速度，而有些装修队也确实在较短的时间内完成了施工项目。但是入住没过多久，居室内便出现了各种各样的问题，整改下来费时、费力，还费钱。由此可见，装修房子若时间太仓促，后期很容易产生问题。一般新房施工至少需要 1 个月，老房则需要 2 个月，为了保险起见，最少也要多预留半个月或 1 个月的时间。

选好监理很重要

一、家庭装修找监理可以解决的问题

1. 保护业主的利益和合法权益

家装业主的利益体现在家装上，就是取得合理的价格、使用的装饰材料符合质量要求、装修质量符合行业标准要求、得到周到热情的优质服务，而这四方面是大部分装修公司做不到的。因为装修公司要支出一大笔广告费，要养活家装、施工人员，因此装修价位居高不下，装饰材料质量无法保证，施工无法做到精益求精。要解决这些问题就要靠专业的家装监理帮助业主把关，帮助业主限定价位、约定装饰材料、检验材料质量并监督施工质量。

2. 保护业主不被装修公司忽悠

很多来消协投诉的家装业主大多对家装一知半解，有的甚至不懂家装的基本常识，因此容易被那些利欲熏心的装修公司钻空子。所以不懂装修常识的用户最好事先请监理，他们往往具备较为专业的家装常识，可以保护业主不被装修公司忽悠。

3. 减少投诉纠纷

业主往往因为工作忙或长时间出差，无暇顾及家中装修，因此出现一系列装修质量纠纷。这样的业主最好也事先请好监理，这样既不影响自己的正常工作，又降低了业主的消费风险，减少了家装纠纷。

4. 令业主省事省心

很多业主反映，家里不是没闲人，也不是一点装修常识不懂，就是感到家装太累、太操心、太费事，所以才去请家装监理来帮忙。请到一个合适的家装监理，家人和自己都会轻松很多。

二、家装监理的职责

1. 对进场原材料进行验收

检查所进场的各种装修、装饰材料的品牌、规格是否齐全、一致，质量是否合格，如发现无生产合格证、无厂名、厂址的“三无”产品或伪劣产品，应立即要求退换。对存在质量问题的材料一律不准用于工程中。

2. 对施工工艺的控制

督促、检查施工单位，严格执行工程技术规范，按照设计图纸和施工工程内容及工艺做法说明进行施工。对违反操作程序、影响工程质量、改变装饰效果或留有质量隐患的情况要求施工队限期整改。必要时，应对施工工艺和技术处理进行指导，提出合理的建议，以达到预期的设计效果。

3. 对施工工期的控制

施工工期直接影响着业主和施工单位的利益，家装监理应站在第三方的立场上按照国家有关装饰工程质量验收规定履行自己的职责，合理控制好工期。在保证施工质量的前提下尽快完成工程施工任务，在工程提前完工时更应把好质量关。

4. 对工程质量的控制

负责施工质量的监督和检查、确保工程质量，这是家装监理的根本任务。凡是不符合施工质量标准的应立即向施工者提出，要求予以纠正或停止施工，维护好业主的利益。对隐蔽工程分不同阶段及时进行验收，避免过了某一施工阶段而无法验收，而留下安全隐患的情况出现。

5. 协助业主进行工程竣工验收

家装监理作为业主的全权代表，在家装工程结束时，应协助业主做好竣工验收工作，并在竣工验收合格证书上签署意见，也应督促施工单位做好保修期间的工程保修工作。另外，家装监理还需对进场的施工设备进行安全检查，并同业主、工长与物业管理等部门协调好关系，保证家居装修施工顺利进行。

◎家装的服务流程及工作内容

签订监理合同书 → 审核装修公司 → 审核设计方案 → 审核家装合同 → 审核施工人员资格 → 审核检验材料 → 审核施工工艺 → 分期验收 → 保修监督

三、家装监理的收费

1. 家装监理的收费方式

家装监理是从工程建设监理中细化出来的，工程装修监理是有定额指导价，但家装监理究竟该怎么收费，国家标准目前还没有明确规定。在实际操作中，家装监理的收费标准都是参考工程装修的标准来实施的。

收费方式	收费标准
按照建筑面积计费	一般 20 ~ 50 元 / 米 ^{2}，别墅的收费标准相对比较高
按照工程量来计费	一般按装修金额的 4%~6% 收取监理费用，装修额较大时所提取的点数则会低一些。如工程合同金额在 10 万元以下按 3%（不含 10 万元）收取；工程合同金额在 10 万 ~20 万元以下按 2.5%（不含 20 万元）收取；工程合同金额在 20 万 ~50 万元以上按 2%（含 20 万元）收取

2. 家装监理的付费周期

家装监理企业与业主签订家装监理合同后，家装监理公司应尽快通过有关渠道落实家装施工企业，征得业主同意后与家装施工企业签订施工合同；如果业主已落实好了家装施工企业，家装监理公司应尽快协助业主与施工单位签订施工合同或对合同进行审查。施工和监理合同签订后，业主应按施工合同额付给家装监理公司 50% 的家装监理费，待工程完成到 80% 应再付 30% 的监理费，工程验收完毕，符合合同规定后应全部付完监理费。

Point 17
请家装监理，不是增加支出，而是在省钱

业主一般会觉得已花几万元、十几万元装修，还要再付一笔监理费，是额外支出。其实可以换一个角度考虑，首先监理在审核装修公司的设计、预算时可挤掉一些水分，这部分一般都要多于监理费；其次，每天有监理人员在工程材料质量、施工质量等方面把关，可节约业主大量的时间和精力。由此看来，家装委托监理并不一定是增加了支出。

Point 18
请了家装监理，也不能完全当甩手掌柜

并不是请了监理以后，业主就可以不管不问了。业主一方面要经常与监理员保持联系，另一方面在闲暇时也要到工地查看，发现有疑问的地方及时与监理员沟通，有严重问题时要及时碰头，召集装修公司、监理公司的负责人协商，并及时整改。在隐蔽工程、分部分项工程及工程完工时，业主应到现场与监理共同验收，之后方可继续施工（特殊情况除外）。

省钱前提：要有合理的设计方案

业主在装修之前往往会对新居有个心理预期，想要一个既有现代设计感，又能满足生活功能的家居环境。这就需要业主与设计公司确定出一个合理的设计方案。方案的内容涵盖很多方面，如家居风格、色彩搭配、室内照明等。只要将这些设计元素做到位，就能为家居空间带来温馨而又时尚的氛围。

选择适宜的家装风格

一、确定适合自己的家居风格

1. 根据感觉选风格

通过查看众多的装修风格图片，选择自己喜欢的装修风格，这时不要过多地考虑房屋类型、面积、经济等情况，这一步就是找感觉。但是业主还是需要尊重家里人的想法，把自己想要的装修风格拿出来让家人参考，争取选到大家都满意的风格。

2. 根据喜好选风格

如果对装修风格没有概念，那么可以根据自己喜欢的配饰、家具、地板等要素来逐步构建出一个自己喜欢的家居样式，并寻找与之相近的家居风格，从而令自己意识中初步形成的装修风格丰满起来。这种从点到面构思出来的风格差不多就是业主理想中的装修风格了，最后再让设计师帮忙完善一下，就大功告成了。

3. 根据材料来选风格

现在的许多建筑材料中，有些合适的材料用于家装时，自然就会形成一种风格，所以也可以到建材市场中去看看有没有自己中意的材料，这也是找装修风格的一种途径。

4. 根据自己的想法让设计师设计风格

把自己的想法与设计师沟通，让设计师设计出装修风格，这是大部分家装业主常常会选择的方式。但这样的沟通不是一天两天就能说清的，需要花上一定的时间把自己的想法与设计师进行沟通、协商，从而得到设计图。

5. 根据资金、户型、面积、结构、时间来定风格

装修风格的确定同时需要根据资金、户型、面积、结构、时间几个方面来决定，这也是最关键

的一步。如果选择的风格与这几个方面有冲突，理想中的家居风格就难以实现。尤其是经济因素，是目前影响家居风格选择的最大因素，因为不同的装修风格所需要花费的金钱是不一样的。

二、不同家居风格的特点

1. 现代风格的特点及设计要点

现代风格提倡突破传统，创造革新，重视功能和空间组织，注重发挥结构构成本身的形式美，造型简洁，反对多余装饰，崇尚合理的构成工艺。选材广泛，范围扩大到金属、玻璃、塑料及合成材料；家具线条简练，无多余装饰，包括柜子与门把手的设计都尽量简化。现代风格既可将色彩精简到最少，也可使用对比强烈的色彩；造型常以简洁的几何图形为主，也可利用圆形、弧形等，增加居室的造型感。

设计要点	
常用建材	复合地板、不锈钢、文化石、大理石、木饰、玻璃、条纹壁纸、珠线帘
常用家具	造型茶几、躺椅、布艺沙发、线条简练的板式家具
常用配色	红色系、黄色系、黑色系、白色系、对比色
常用装饰	抽象艺术画、无框画、金属灯罩、时尚灯具、玻璃制品、金属工艺品、马赛克拼花背景墙、隐藏式厨房电器
常用形状、图案	几何结构、直线、点线面组合、方形、弧形

2. 简约风格的特点及设计要点

简约风格体现在设计上是对细节有严格的把握，对比是简约装修中惯用的设计方式。家具以不占面积、可折叠、具多功能等为主，为家居生活提供便利。简约风格常运用纯色涂料装点家居，以令空间显得干净、通透，又方便打理。软装尽量形式简约，但要功能到位，以实用性为主。简洁的直线条最能表现出简约风格的特点。

设计要点	
常用建材	纯色涂料、纯色壁纸、条纹壁纸、抛光砖、通体砖、镜面 / 烤漆玻璃、石材、石膏板
常用家具	低矮家具、直线条家具、多功能家具、带有收纳功能的家具
常用配色	白色、白色 + 黑色、木色 + 白色、白色 + 米色、白色 + 灰色、白色 + 黑色 + 红色、白色 + 黑色 + 灰色、米色、中间色、单一色调
常用装饰	纯色地毯、黑白装饰画、金属果盘、吸顶灯、灯槽
常用形状、图案	直线、直角、大面积色块、几何图案

3. 中式古典风格的特点及设计要点

中式古典风格的布局设计严格遵循均衡对称原则，家具的选用与摆放是其中最主要的内容。传统家具多选用名贵硬木制作而成，一般分为明式家具和清式家具两大类。中式风格的墙面装饰可简可繁，华丽的木雕制品及书法绘画作品均能展现传统文化的人文内涵，是墙饰的首选；通常使用对称的隔扇或月亮门状的透雕隔断分隔功用空间。镂空类造型如窗棂、花格等是中式家居的灵魂，常用的有回字纹、冰裂纹等。

设计要点	
常用建材	木材、文化石、青砖、字画壁纸
常用家具	明清家具、圈椅、案类家具、坐墩、博古架、榻、隔扇、中式架子床
常用配色	中国红、黄色系、棕色系、蓝色 + 黑色
常用装饰	宫灯、青花瓷、中式屏风、中国结、文房四宝、书法装饰、木雕花壁挂、佛像、挂落、雀替
常用形状、图案	垭口、藻井吊顶、窗棂、镂空类造型、回字纹、冰裂纹、福禄寿字样、牡丹图案、龙凤图案、祥兽图案

4. 新中式风格的特点及设计要点

新中式风格不是纯粹的元素堆砌，而是通过对传统文化的认识，将现代元素和传统元素结合在一起。新中式风格的主材常取材于自然，但也不必过于拘泥于此。线条简练的中式家具最符合其风格特征，也可与明清家具、现代家具结合运用。色彩自然、和谐搭配是新中式风格的特点；而将“梅兰竹菊”等图案作为隐喻的家具，可以令新中式家居更具韵味。

设计要点	
常用建材	木材、竹木、青砖、石材、中式风格壁纸
常用家具	圈椅、无雕花架子床、简约化博古架、线条简练的中式家具、现代家具 + 清式家具
常用配色	白色、白色 + 黑色 + 灰色、黑色 + 灰色，吊顶颜色浅于地面与墙面
常用装饰	仿古灯、青花瓷、茶案、古典乐器、佛像、花鸟图、水墨山水画、中式书法
常用形状、图案	中式镂空雕刻、中式雕花吊顶、直线条、荷花图案、梅兰竹菊图案、龙凤图案、骏马图案

5. 欧式古典风格的特点及设计要点

欧式古典风格追求华丽、高雅，具有很强的文化韵味和历史内涵。空间上追求连续性，追求形体的变化和层次感，因此无论家具还是空间都具有造型感，少见横平竖直，多带有弧线。

建材选择与家居整体构成相吻合，石材拼花最能体现欧式古典风格的大气。色彩上要表现出古典欧式风格的华贵气质，黄色系被广泛运用。多用带有欧式图案的壁纸、地毯、窗帘、床罩、帐幔以及古典式装饰画或物件来装饰。

设计要点	
常用建材	石材拼花、仿古砖、镜面、护墙板、欧式花纹墙布、软包材料、天鹅绒
常用家具	色彩鲜艳的沙发、兽腿家具、贵妃沙发床、欧式四柱床、床尾凳
常用配色	白色系、黄色、金色、红色、棕色系、青蓝色系
常用装饰	大型灯池、水晶吊灯、欧式地毯、罗马帘、壁炉、西洋画、装饰柱、雕像、西洋钟、欧式红酒架
常用形状、图案	藻井式吊顶、拱顶、花纹石膏线、欧式门套、拱门

6. 新欧式风格的特点及设计要点

新欧式风格不再追求表面的奢华和美感，而是更多地解决人们生活的实际问题。在色彩上多选用浅色调，以区分古典欧式因浓郁的色彩而带来的庄重感；而线条简化的复古家具也是用以区分古典欧式风格的最佳元素。空间注重装饰效果，用室内陈设品来增强历史文脉特色。

另外，新欧式风格的形状与图案以轻盈、优美为主。

设计要点	
常用材料	石膏板工艺、镜面玻璃顶面、花纹壁纸、护墙板、软包材料、黄色系石材、拼花大理石、木地板
常用家具	线条简化的复古家具、曲线家具、真皮沙发、皮革餐椅
常用配色	白色、象牙白、金色、黄色、白色＋暗红色、灰绿色＋深木色、白色＋黑色
常用装饰	铁艺枝灯、欧风茶具、抽象图案、几何图案地毯、罗马柱壁炉外框、欧式花器、线条烦琐且厚重的画框、雕塑、天鹅陶艺品、欧风工艺品、帐幔
常用形状、图案	波状线条、欧式花纹、装饰线、对称布局、雕花

7. 美式乡村风格的特点及设计要点

美式乡村风格摒弃了烦琐和豪华，并将不同风格中的优秀元素汇集融合，以舒适为向导，强调“回归自然”；较注重家庭成员间的相互交流，注重私密空间与开放空间的相互区分，重视家具和日常用品的实用和坚固。家具颜色多采用仿旧漆，式样厚重；常运用天然木、石等纹理质朴的材料；设计中多有地中海样式的拱门。

设计要点	
常用建材	自然裁切的石材、砖、硅藻泥、花纹壁纸、实木、棉麻布艺、仿古地砖、釉面砖
常用家具	粗犷的木家具、皮沙发、摇椅、四柱床
常用配色	棕色系、褐色系、米黄色、暗红色、绿色
常用装饰	铁艺灯、彩绘玻璃灯、金属风扇、自然风光的油画、大朵花卉图案地毯、壁炉、金属工艺品、仿古装饰品、野花插花、绿叶盆栽
常用形状、图案	鹰形图案、“人”字形吊顶、藻井式吊顶、浅浮雕、圆润的线条（拱门）

8. 欧式田园风格的特点及设计要点

欧式田园风格追求营造自然、舒适的有氧空间，因此取材以棉、麻等天然材料为主，另外，碎花壁纸也是非常能体现这种风格的元素。田园风格对家具的选择讲求舒适性，布艺沙发是居室中的主角。明媚的配色可以令欧式田园风格更具自然风情，而本木色的出现率也很高。而碎花、格子和花边则可以令欧式田园风格呈现出唯美的特质。

设计要点	
常用建材	天然材料、木材、板材、仿古砖、布艺壁纸、纯棉布艺、大花壁纸、碎花壁纸
常用家具	胡桃木家具、木质橱柜、高背床、四柱床、手绘家具、碎花布艺家具
常用配色	本木色、黄色系、白色系（奶白、象牙白）、白色 + 绿色系、明媚的颜色
常用装饰	盘状挂饰、复古花器、复古台灯、田园台灯、木质相框、大花地毯、彩绘陶罐、花卉图案的油画、藤制收纳篮
常用形状、图案	碎花、格子、条纹、雕花、花边、花草图案、金丝雀

9. 北欧风格的特点及设计要点

北欧风格以简洁著称于世，经常用到的装饰材料主要有木材、石材、玻璃和铁艺等，设计师在设计时都无一例外地保留这些材质的原始质感。家居配色讲求浑然天成，多使用中性色进行柔和过渡。“以人为本”是北欧家具设计的精髓，板式家具在家居中广为运用。软装注重个人品位和个性化格调，不会很多，但很精致。

设计要点	
常用建材	天然材料、板材、石材、藤、白色砖、玻璃、铁艺、实木地板
常用家具	板式家具、布艺沙发、带有收纳功能的家具、符合人体曲线的家具
常用配色	白色、灰色、浅蓝色、浅色 + 木色、纯色点缀
常用装饰	筒灯、简约落地灯、木相框或画框、组合装饰画、照片墙、线条简洁的壁炉、羊毛地毯、挂盘、鲜花、绿植、大窗户
常用形状、图案	流畅的线条、条纹、几何造型、大面积色块、对称

10. 地中海风格的特点及设计要点

地中海家居风格的设计精髓是捕捉光线、取材天然。配色讲求自然、纯美，以清雅的白、蓝色为主材质讲求质朴、自然，马赛克和白灰泥墙运用得较广泛；而做旧处理的地中海风格家具可以使家居环境更具质感。地中海风格的装饰在造型方面，一般选择流畅的线条，圆弧形就是很好的选择，圆弧形的拱门、流线型的门窗，都是地中海家装中的重要元素。

设计要点	
常用建材	原木、马赛克、仿古砖、花砖、白灰泥、海洋风壁纸、铁艺、棉织品
常用家具	铁艺家具、木质家具、布艺沙发、船形家具、白色四柱床
常用配色	蓝色＋白色、蓝色、黄色、黄色＋蓝色、白色＋绿色
常用装饰	地中海拱形窗、地中海吊扇灯、壁炉、铁艺吊灯、铁艺装饰品、瓷挂盘、格子桌布、贝壳装饰、海星装饰、船模、船锚装饰
常用形状、图案	拱形、条纹、格子纹、鹅卵石图案、罗马柱式装饰线、不修边幅的线条

11. 东南亚风格的特点及设计要点

东南亚风格是一种结合东南亚民族岛屿特色及精致文化品位的设计风格。大胆用色可以体现出东南亚风格的热情奔放，但最好做局部点缀。在东南亚风格中，无论是家具，还是材料，天然材料都是室内装饰的首选；布艺上色彩艳丽的泰丝抱枕是东南亚家居的最佳搭档；而花草和禅意图案则能点染出东南亚风格的热带风情及禅意。

设计要点	
常用建材	木材、石材、藤、麻绳、彩色玻璃、黄铜、金属色壁纸、绸缎绒布
常用家具	实木家具、木雕家具、藤艺家具、无雕花架子床
常用配色	原木色、褐色、橙色、紫色、绿色
常用装饰	烛台、佛手、木雕、锡器、纱幔、大象饰品、泰丝抱枕、青石缸、花草植物
常用形状、图案	树叶图案、芭蕉叶图案、莲花图案、莲叶图案、佛像图案

装修省钱关键点
The key point

Point 19
居室最重要的是居住方便、好清理

对于预算并不充裕的家装业主来说，最适合的风格为简约风格，这种家居风格线条流畅清晰、死角少，家具、饰品也不多，没有欧式风格需要那么多精雕细琢的地方，因此花费也少。

Point 20
现代风格的居室设计应该以实用为主

很多业主对居室进行现代风格的设计时，过于追求个性时尚，因此在材料和装饰上投入了大量的资金。但实际上，现代风格更多追求的是实用性，因此并不需要满满的家具物件，可挑选一两个独具特性的家具来展现空间特质，如造型简单的浅色沙发，搭配几何形状的茶几，或一把颜色鲜艳的单人座椅。这样的设计既省钱，又能彰显出效果。

Point 21
利用家饰和布艺来突显欧式复古风格的奢华感

欧式复古风格的家居，在一定程度上需要较多的预算，但也不是一定要花费大价钱才能装饰出欧式复古风格的华丽感。其实欧式复古风格在家饰和布艺的搭配上更显重要，因为一个精美的工艺品或天鹅绒布艺，在价格上大大低于家具，但是在装饰效果上却丝毫不比家具来得逊色。

家居色彩搭配要合理

一、色彩在家居中的运用原则

1. 先决定大面积色彩

空间配色的重点在于先决定视觉最大的面积，考虑的顺序可以是墙面→吊顶→地板→家具→窗帘，决定好最大面积后，其他再以重点配色作跳色。

2. 单色搭配运用会使空间变大

单色搭配是指家居空间中，不论吊顶、墙面都使用同样的颜色。单色搭配最大的优点在于能使空间变得更为开阔，适合小面积的居室使用。为了让空间多一点变化，踢脚板最好不要使用相同的颜色。

3. 双色搭配最好用协调色

一个空间使用两种颜色时，最大的原则为“你中有我”，相近色系或同色系的颜色最能相互协调，像黄色与橙色的搭配。

4. 擅用中间色作缓冲

一般空间如果使用两种以上的颜色，要利用中间色作缓冲，如白色，也可以用相近色来搭配，例如黄色与绿色就可以用黄绿色来作为中间色。

5. 色彩的明暗度不要一样

注意色彩的明暗度，当空间使用一种以上的颜色时，颜色的明暗度不要一样。否则会让空间配色没重点，若是深色，会使空间变得很暗沉。

二、不同空间的色彩设计法则

空间	色彩搭配法则
客厅	◎颜色最好不要超过三种，黑、白、灰除外 ◎如果觉得三种颜色太少，则可以调节颜色的灰度和饱和度

空间	色彩搭配法则
餐厅	◎餐厅色彩一般跟随客厅来搭配 ◎餐厅色彩宜以明朗轻快的色调为主，最适合的是橙色及近似色
卧室	◎创造私人空间的同时，营造出休闲、温馨的氛围 ◎卧室一般以床上用品为中心色
书房	◎书房色彩应柔和而不杂乱，不适合大面积采用艳丽的颜色 ◎书房配色要有主、次色调之分，或冷或暖，不要平均对待
厨房	◎使用柔和、自然的颜色，避免色彩过于鲜艳 ◎不宜直接选用原色，或明度较低的灰色
卫浴间	◎应选择干净、明快的色彩为主要背景色 ◎对缺乏透明度与纯净感的色彩要敬而远之
玄关	◎以清爽的中性偏暖色调为主 ◎最理想颜色组合为吊顶颜色最浅，地板颜色最深，墙壁颜色介于两者之间作过渡

装修省钱关键点 The key point

Point 22 合理运用经典配色方法

◎**原则一**：具体来说，20 平方米以上的客厅，白色面积可以占据整体空间的 80% ~ 90%，黑色面积占 10% ~ 20%；面积低于 20 平方米的客厅，可将黑色面积扩大到整体面积的 30%，白色面积占 70%。

◎**原则二**：60% 的黑搭配 20% 的白与 20% 的灰，这样的搭配最能突显空间优雅的气质。灰色在黑色和白色的过渡中，完美地完成了黑与白的对话，使得黑与白显得格外的鲜明与典雅。

室内照明带来光影变化

 一、室内照明的设计原则

1. 室内照明设计要考虑到家人的安全

安装灯具的区域是人们在室内活动频繁的场所，所以安全防护是第一位的。这就要求灯光照明设计绝对安全可靠，必须采取严格的防触电、防短路等安全措施，并严格按照规范进行施工，以避免意外事故的发生。

2. 室内照明设计要考虑到不同空间的需求

照明设计必须符合功能的要求，根据不同的空间、不同的对象选择不同的照明方式和灯具，并保证适当的照度和亮度。例如，客厅的灯光照明设计应采用垂直式照明，要求亮度分布均匀，避免出现眩光和阴暗区；室内的陈列一般采用强光重点照射，以强调其形象，亮度比一般照明要高出 3 ~ 5 倍，常利用色光来提高陈设品的艺术感染力。

客厅照明采用了众多手法——直接照明、漫射照明等，为空间营造出十分温馨的氛围。

3. 室内照明设计要考虑到家居的情调和品位

灯具不仅能保证照明，而且由于其造型、材料、色彩和比例多变，已成为室内空间不可缺少的装饰品。通过对灯光的明暗、隐现、强弱等进行有节奏的控制，采用透射、反射、折射等多种手段，就能创造出风格各异的艺术情调气氛，为人们的生活环境增添丰富多彩的情趣。

4. 室内照明设计要科学合理

灯光照明并不一定是以多为好、以强取胜，关键是设计要科学、合理。灯光照明设计是为了满

足人们视觉和审美的需要，使室内空间最大限度地具有实用价值和欣赏价值，达到使用功能和审美功能的统一。华而不实的灯饰非但不能锦上添花，反而会画蛇添足，同时造成电力上的消耗和经济上的损失，甚至还会造成光环境污染，有损身体健康。

二、不同空间的照明设计法则

空间	色彩搭配法则
客厅	◎最好采用可调控的照明设计方案 ◎基本照明可使用顶灯，并依据客厅的面积、高度和风格来决定 ◎重点照明可以利用落地灯、壁灯、射灯等达到使用和装饰的效果
餐厅	◎以局部照明为主，并要有相关的辅助灯光 ◎适合低色温的白炽灯泡、奶白灯泡或磨砂灯泡，具有漫射光，不刺眼 ◎可以采用混合光源，即低色温灯和高色温灯结合起来使用
卧室	◎卧室照明方式以间接或漫射为宜 ◎室内用间接照明，顶面的颜色要淡，反射光的效果最好 ◎卧室的照明要尽量避免耀眼的灯光和造型复杂奇特的灯具
书房	◎书房色彩应柔和而不杂乱，不适合大面积采用艳丽的颜色 ◎书房配色要有主、次色调之分，或冷或暖，不要平均对待
厨房	◎厨房照明以功能为主，主灯宜亮，设置于高处 ◎主灯光可选择日光灯，局部照明可用壁灯，工作面照明可用高低可调的吊灯
卫浴间	◎局部光源是营造空间气氛的主角 ◎安装的灯具不宜过多，位置不可太低 ◎应以具有可靠防水性与安全性的玻璃或塑料密封灯具为主 ◎灯具和开关最好带有安全防护功能，接头不能暴露在外
玄关	◎用能够营造气氛的灯光来装点玄关 ◎避免只依靠一个光源提供照明，要有层次 ◎利用重点照明，突出玄关的装饰重点，达到吸引眼球的目的

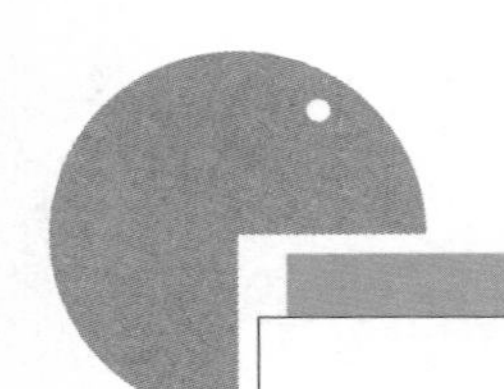

装修省钱关键点 The key point

Point 23 使用高光效的光源

一般除了气氛性效果的营造选用白炽灯外，其他空间均以高光效的三基色荧光灯为空间提供照明，这样既节能又省钱。

Point 24 使用低能耗的电器

荧光灯都需要搭配镇流器才能正常使用，尽量以选用自身能耗低、功率因素高的电子镇流器为主，以减少后期家居生活中的用电浪费问题。

Point 25 针对空间特性应用不同的灯具

像过道等人走即关灯的区域为避免电能的浪费，可选用声光控、红外感应的灯具结合节能灯来提供照明，以减少不必要的照明用电。

Point 26 尽量保持室内的自然光线

在设计之初要尽量保留室内的自然光线。先辨识房间的朝向，评估室内可承受的自然光线，并尽量选用中性的单色调墙面和地板颜色。避免使用厚重的布料窗帘; 此外，镜子也是增加室内明亮度的法宝，使用镜子容易出效果，而且价格便宜。

简洁的顶、墙、地面设计才是省钱王道

一、顶面的设计要点

1. 造型顶面化解空间问题

现代建筑几乎少不了梁，过大的梁会影响空间的宽敞感。因此可以通过顶面造型来化解梁带来的压迫感；或是以不同的顶面材料来界定空间的属性。顶面不一定非要进行装饰设计，但可以结合功能去表现。

餐、厨一体的空间里，不同材质的顶面不仅有效地化解了横梁的压迫感，而且还令空间显得更具层次感。

2. 风格顶面强化空间个性

造型繁复的线板不仅可以调节空间比例，还能营造出古典的氛围；而层层推衍的木桩造型顶面，则带出乡村风的质朴感；如折纸般的立体造型顶面，则能突显出现代风格的个性。

“人”字形的顶面设计，令客厅彰显出十足的现代气息。

3. 将灯光隐藏于顶面更能突出空间氛围

如流水般的 LED 蓝光带、如剧场概念般的聚光灯、弧线造型的光束等，将这类灯光隐藏于顶面之中，不仅可以满足照明的需求，更能营造空间氛围。

将灯带隐藏于吊顶之中，为客厅带来了柔和的情调。

二、墙面的设计要点

1. 主题墙材质突显风格个性

每个空间都有集中视觉焦点的主题墙，如何界定主题墙，需看业主或设计师的规划，可以选用特定的材料，如实木、壁纸或是色彩来铺陈，既可为空间风格定调，也可营造居家氛围。

文化石塑造的壁炉墙，令居室展现出十足的文

2. 端景墙创造空间层次

不管是为了减少过道的冗长感，或是为了制造空间过渡的缓冲，一道集中视觉焦点的端景墙，都可成为空间的焦点，令人眼前一亮。

过道尽头的端景墙上仅用一幅抽象画就为空间带来了时尚感。

3. 功能墙兼顾生活性与美感

不管是收纳取向或是风格展示，每个空间都有功能墙存在的必要性，如卧室的床头墙、客厅的电视墙、书房藏书的书墙或是用来展示收藏家人照片的展示墙，都可以兼顾功能性与美感。

4. 隔间墙界定空间功能

墙不是只有钢筋混凝土或轻钢架等材质，也有玻璃或是木质等不同材质的隔间墙，其轻盈与通透的质感，也可以带来减压或放大空间的效果。

对称排列的书架令沙发背景墙的空间更加规整，也可以很好地区分不同图书的类别。

玻璃与帷幔塑造出的隔间墙不仅有效区分了餐厅与书房空间，还不影响空间的通透性。

三、地面的设计要点

1. 不同材质的地板界定空间

界定空间属性并不只是墙壁的专利，不同材质的地板也可以达到如此效果，如实木地板与瓷砖的反差；不同铺法的地板，如斜铺与正铺的搭配，都可以达到目的。

不同形态的实木复合地板将空间区域划分，和谐而又各自独立。

2. 高低层次的地板强化空间功能

方便观赏风景的低矮阶梯地板，特意降低地板的设计，可以令居室更具休闲感。另外，特意垫高的地板还有可能会满足收纳功能，这种运用地板高低层次变化来增加空间功能的手法，非常实用。

将客厅后面的空间抬高作为用餐空间，令空间在和谐中不失特性。

3. 巧用地板材质展现空间风格

地砖可以堆砌出带来禅意的玄关，而仿古地砖则带出尊贵高雅的复古气息，实木地板暖化了空间氛围……不同材质的地板可以展现出空间的不同个性。

空间中运用大面积的实木地板进行铺贴，令居室充满田园气息。

四、不同空间的墙、地、顶设计的法则

空间	墙面	地面	顶面
客厅	着眼整体，对主题墙重点装饰，以集中视线焦点	材质适用于绝大部分家庭成员，且不宜过于光滑	保持和整个居室风格一致，避免造成压抑、昏暗的效果
餐厅	齐腰位置考虑用耐磨材料，可以选择木饰、玻璃、镜子做局部护墙	选用表面光洁、易清洁的材料，如大理石、地砖、地板等	以素雅、洁净的材料作装饰，如漆、局部木制、金属，并用灯具作衬托
卧室	宜用壁纸（墙布）或乳胶漆，颜色花纹根据业主的年龄、喜好选择	宜用木地板、地毯或者陶瓷地砖等	宜用乳胶漆、壁纸（墙布）或者局部吊顶，不应过于复杂
书房	适合使用亚光涂料、壁纸（墙布），增加静音效果、避免眩光	最好铺设地毯，减少噪声	吊顶不宜过于复杂，令空间产生压抑感，以平顶为佳
厨房	不易受污损、耐水、耐火的材料，如 PVC 壁纸、陶瓷墙面砖、有光泽的木板等	宜用防滑、易清洗的陶瓷地砖；也可用具有防水性能且价格便宜的人造石材	材质要防火、抗热，以塑胶壁材和化石棉为主，并配合通风设备及注意隔音
卫浴间	可为艺术瓷砖、墙砖、天然石材或人造石材	防滑、易清洁、防水的材料，如地砖、人造石材等	多为 PVC 塑料、金属网板或木格栅玻璃、原木板条吊顶
玄关	配色最好以中性偏暖的色系为宜，常用材料为壁纸和乳胶漆	材料具备耐磨、易清洗的特点，常用材料有玻璃、木地板、石材或地砖等	需与客厅的吊顶结合起来考虑

装修省钱关键点 The key point

Point 27 墙面一定不能“面面俱到”

很多业主在装修的时候，往往把握不住重点。尤其在墙面设计上，觉得墙面是家居中的“门面”，要好好设计一番，才能给来访者留下深刻的印象。因此在居室中，这个墙面做个手绘墙，那个墙面做个收纳墙……装修完毕之后发现不仅钱没少花，还令整个居室显得过于杂乱。针对这一现象，业主应该学会取舍，只在家居中选择一面墙来做重点设计，这样不仅可以将设计亮点突显出来，还能省下不少装修资金。

Point 28 设计简洁、明快的电视背景墙

为了令电视背景墙达到成为室内焦点的效果，不惜用各种材料来打造，石材、板材等不一而足，而且还利用大量的装饰品来进行装点。这样装饰下来，电视背景墙的造价肯定不低。其实，如果预算并不充足，建议在客厅中做简洁、明快的电视背景墙，用白色墙面搭配几幅装饰画或者墙贴即可，这样不但可以随时更换装饰，灵活性更强，还能节省一大笔费用。

不同的空间设计要从实际需求出发

一、客厅的设计重点

1. 尽量全家人达成共识

客厅是一家人居住、相处的公共空间，要赋予客厅何种功能，最好要看一家人的需求，并达成共识。最好从功能方面考虑，由家人的生活习性与交际来决定客厅的硬件设备，如爱看电视的家庭可加强电视柜的设计，爱听音乐的则对音响的品质有要求。

2. 客厅面积宜大不宜小

客厅是招待客人的场所，因此应是玄关后出现的第一个空间，不宜设计在角落。同时，由于客厅是全家人活动的公共空间，因此宜大不宜小。如果客厅面积不够大，不妨与餐厅或其他弹性空间做开放式结合。

3. 客厅要有顺畅的动线

客厅中除了硬件设备的规划外，流畅的动线将提升整个空间的使用功能。例如，沙发区的设置要轻松自在，不应有过度交叉转弯的情况。

4. 客厅的核心区域

核心区域		要　点
电视背景墙		◎可以弥补家居空间电视区的空旷 ◎可以起到修饰电视区的作用 ◎设计手法多样，如结合手绘墙、收纳墙设计等
沙发		◎应与家居风格相协调，不宜特立独行 ◎吊顶、墙壁、地面、门窗颜色风格统一
茶几		◎不同材质的茶几适用于不同的家居风格 ◎利用茶几造型可以增加居室的创意

5. 客厅要有多功能用途

为了配合家庭各成员的需要，在空间条件许可的情况下，可采取多用途的布置方式，分设聚谈、音乐、阅读、视听等多个功能区位，在分区原则上，对活动性质类似、进行时间不同的活动，可尽量将其归于同一区位，从而增加活动的空间，减少用途相同的家具的陈设；反之，对性质相互冲突的活动，则宜调于不同的区位，或安排在不同时间进行。

装修省钱关键点 The key point

Point 29 客厅设计要遵循实用性原则

客厅空间更多追求的是实用，因此可以尽量少做繁复的设计，无论在材料上、装修上，都要主次分明。重点装修的地方，可选择相对高档的材料，这样看起来会比较有格调；其他部位则可采用简洁的办法，材料普通化、做工简单化即可。

Point 30 客厅柜子可以省去壁板

如果客厅选用整面墙的柜子，不妨省去壁板，但前提是墙面没有渗水的问题，因为壁板有防潮的功能。同时不用壁板的话，承重也一定要考虑，最好不要在柜子上放置太重的物品。

二、餐厅的设计重点

1. 餐厅要体现轻松、休闲的氛围

餐厅应该是明间，且光线充足，能让人进餐时充满乐趣。餐厅的净宽度不宜小于 2.4 米，除了放置餐桌、餐椅外，还应有配置餐具柜或酒柜的地方。面积比较宽敞的餐厅可设置吧台、茶座等，为主人提供一个浪漫的休闲空间。

2. 餐厅的位置最好与厨房相邻

餐厅与厨房的位置最好相邻，避免因距离过远而耗费过多的配餐时间。

3. 餐厅内的布置应符合空间要求

在餐厅内，餐桌是空间的焦点，餐桌和椅子是整个用餐空间的主体。实木餐桌椅的纹理可以反映出主人的品位，而金属结合透明玻璃制成的餐桌则表现出怡人的现代风情。如果将餐桌配上桌布，并且经常调换不同质感和花色的桌布，还可以调节用餐环境。

彩虹色彩般的桌布，不仅与空间的田园风格相符，而且令原本色彩单调的餐厅有了视觉焦点。

4. 餐厅最好造型简单

餐厅装修最好采用容易清洁的材料，造型要简洁，不宜过于烦琐，否则会使人产生压抑感。色彩要用暖色调和中间色调，避免使用“非可食色”。如蓝色就不宜大面积用在餐厅，因为蓝色餐桌或餐垫上的食物，总不如在暖色环境中看着有食欲；同时不要在餐厅内装白炽灯或蓝色的情调灯，科学实验证明，蓝色灯光会让食物看起来不诱人。

5. 餐厅的核心区域

核心区域		要　点
餐厅背景墙		◎墙面装饰要依据餐厅整体作设计 ◎要突出特有的风格，气氛既要美观，又要实用 ◎墙面装饰切忌喧宾夺主、杂乱无章
餐桌椅		◎圆形餐桌可以聚拢人气，可以很好地烘托用餐气氛 ◎长型餐桌方便宴客使用，平时还可以作为工作台

装修省钱关键点
The key point

Point 31
可以考虑采用开放式餐厅柜

餐厅柜可以不做门，这是餐厅装修降低成本的窍门之一。这样柜子就具有了展示的功能，不妨把自己珍藏的红酒、餐具等统统“请”进柜里，让它们成为餐厅最独特的装饰品。

三、卧室的设计重点

1. 卧室材料的选择应满足功能性

卧房装修应选择吸音、隔音好的装饰材料，其中触感柔细美观的布贴，具有保温、吸音功能的地毯都是卧室家装的理想之选。而像大理石、花岗石、地砖等较为冷硬的材料，都不太适合卧室使用。

2. 衣橱或书柜最好在梁下方

卧室最好避开房梁，只要把衣橱或书柜设计在角落即可解决。另外，虽然衣橱和书柜依墙摆放较省空间，但注意不要放在与卫浴间相邻的墙面，以防潮湿。

摆放在卧室一侧的大衣柜，既不影响空间的动线，又令卧室的收纳功能变得强大。

3. 床要有“靠山”

卧室中的床不宜摆在居室的中间，以免造成空间上的浪费。此外床也不要摆放在一进门就能看见的地方，因为这样做会使卧室的隐秘性大打折扣。

4. 面积足够的卧室可考虑多功能设计

如果主卧室的面积足够大，不妨设计卫浴间、更衣间、书房等多功能区域，以为日常生活提供便利。

5. 卧室的核心区域

核心区域		要　点
卧室背景墙		◎点、线、面综合运用，使造型和谐统一，且富于变化 ◎色彩应以和谐、淡雅为宜
睡床		◎可选择圆润感十足的圆形床，为卧室带来时尚气息 ◎可以在床的周围增加收纳功能，如摆放床头柜

装修省钱关键点
The key point

Point 32
现代风格的卧室可以舍弃吊顶

现代风格的卧室最好不要设置吊顶，这样不仅保证了空间的视觉流畅感，还可以省去一笔为数不少的材料费、人工费。可考虑在顶部墙角粘贴石膏的系列装饰线条，这样既能省钱又能避免视觉上的压抑感。

Point 33
卧室墙巧变衣柜

利用卧室中现成的墙体做简易的衣柜，既可以节省费用，又能保证其使用功能的完全实现。例如，借助卧室的一处墙角，并在另一侧再砌一段轻质隔墙，在两面平行的墙中间安装两根不锈钢钢管做挂衣架，再配一幅布帘，三面墙围成的空间就变成了衣柜。

四、书房的设计重点

1. 书房的通风条件和温度要适宜

由于书房里有较多的电子设备，因此需要良好的通风环境。门窗应能保障空气对流通畅，其风速的标准可控制在 1 米 / 秒左右，有利于机器的散热。另外，房间的温度最好控制在 0~30 摄氏度。

2. 书房材料应具有隔音性

书房要求有安静的环境，因此要选用那些隔音、吸音效果好的装饰材料。如吊顶可采用吸音石膏板吊顶，墙壁可采用 PVC 吸音板或软包装饰布等装饰材料，地面则可采用吸音效果佳的地毯；窗帘要选择较厚的材料，以阻隔窗外的噪声。

3. 玻璃的运用令书房更加明亮

对于一般的家庭来说，由于居室布局和面积的限制，书房往往不是采光最好的房间，要是延用以往的设计方法，书房往往容易给人过于沉重和压抑的感觉。因此不妨在书房中多采用玻璃材质，则立刻就能营造出一种活泼、跳跃的氛围。业主不仅可以在里面读书阅报、上网工作，也可以透过玻璃和家人进行视觉沟通，让亲情时刻萦绕空间，从而为家人带来惬意的享受。

利用玻璃隔间分隔出的书房，拥有着良好的采光，玻璃材质的运用，也令空间的通透性更高。

4. 书房可以增加会客与休息功能

家中的会客空间一般设置在客厅，除此之外，书房的气质与功能也很适合作为会客空间。因此，不妨在书房中放置一排沙发，如果有条件还可以设置茶几，以作临时的会客区；此外，如果书房的面积够大，则可以摆放一张睡床，作为临时休息的空间。

5. 书房的核心区域

核心区域		要　点
书柜		◎书柜不要摆放在阳光直射的地方 ◎书柜的摆放不应与房门正对，应该置于内侧 ◎书柜宜摆放在书桌的左边，有利于使用者安心工作、学习
书桌		◎书桌应摆放在光线充足、空气清新的地方 ◎书桌应放置在屋角，以创造出宽阔的空间

装修省钱关键点 The key point

Point 34 书房可以多制作墙面搁架

在小面积的书房中，由于空间的限制，应尽量避免大书柜的运用。但这并不意味着家中的书籍就无处安放。可以利用书房的墙面设置几个搁架，这样的设计既能节省空间又可减少花费，同时书籍也有了摆放之处，令书房充满书香韵味。

Point 35 书房可以结合地台进行设计

书房地面也可以结合地台来设计，集休闲与阅读为一体。这样的设计既增加了空间的实用功能，也令居室充满了别样的情调。同时，一个空间具有多种功能的设计方式，在无形间降低了成本。

五、厨房的设计重点

1. 厨房的设计应遵循一定顺序

设计时需要先确定煤气灶、水槽和冰箱的位置，然后再按照厨房的结构面积和业主的习惯、烹饪程序，安排常用器材的位置，可以通过人性化的设计将厨房死角充分利用。例如，通过连接架或设置内置拉环的方式让边角位也可以装载物品；厨房里的插座均应设置在合适的位置，以免使用时不方便；门口的挡水门槛应足够高，以防止发生意外漏水现象时水流进房间；对厨房隔墙改造时，需要考虑到防火墙或过顶梁等墙体结构的现有情况，做到“因势利导，巧妙利用”。

2. 厨房要擅用三角活动区

若以冰箱、灶台、洗碗槽三个定点为厨房的中心准点，则可以形成一个三角形的工作角度，三角活动区的三边距离以 90 厘米以上为佳。这种动线的设计，可以带来较为便捷的烹饪空间。

冰箱、灶台和洗碗槽形成了厨房中合理的三角动线，为主妇日常的烹饪提供了便利。

3. 设计符合人体工学的橱柜

厨房中的吊柜顶部与地面的距离最好不要超过 2 米，且第一层以视线的水平高度为准，第二层以触手可及为宜。至于工作台面，应稍低于肘部，以方便活动。

4. 厨房可以增加洗涤功能

目前大多数人通常把洗衣机放在卫浴间内，但是由于卫浴间的湿度较大，这样的环境不适宜存放洗衣机，会使其使用寿命明显缩短。因此，可以选择在厨房里放置洗衣机。

5. 厨房的核心区域

核心区域		要　点
整体橱柜		◎其分门别类的收纳功能，使厨房井然有序 ◎储藏量主要由吊柜、立柜、地柜来决定
岛台		◎厨房最美观实用的隔断 ◎可以令烹饪区具有一定的独立性 ◎可以做异型处理，功能和美感双倍增强

装修省钱关键点 The key point

Point 36
厨房装修要充分进行材料的高低搭配

厨房的装修材料最好沿用传统的选择方式，地面、墙面多采用瓷砖，其他家具采用密度板材，这样在满足使用功能的前提下，可以有更多的自由充分进行材料的高低搭配，从而节省装修费用。

Point 37
厨房装修可选用整体橱柜

做整体橱柜的时候，能够根据自己的实际需要设计，而不是按厨房的面积来做，则相对划算得多。吊柜与地柜做到能满足需要就可以了，没有必要全部做满。

六、卫浴间的设计重点

1. 卫浴间要合理布局，节省空间

卫浴间的布局要根据房间大小、设备状况而定。有的业主把卫浴间的洗漱、洗浴、洗衣、如厕组合在同一空间中，这么做节省空间，适合小型卫浴间。还有的卫浴间较大，或者是长方形，就可以用门、帐幕、拉门等进行隔断。一般是洗浴与如厕放置于同一个空间，把洗漱、洗衣放置在另一空间，这种两小间分割法，比较实用。

卫浴间的空间较大，因此将洗漱区与沐浴区分开来设计，提升了日常使用的便捷性。

2. 卫浴间的建材最好耐潮耐热

由于卫浴间是家里用水最多、最潮湿的地方，因此其所用的材料应具有防潮性。卫浴间的地面一般选择瓷砖、通体砖来铺设，因其防潮效果较好，也较容易清洗；墙面也最好使用瓷砖，如果需要使用防水壁纸等特殊材料，就一定要考虑卫浴间的通风条件。

3. 卫浴间的设计要注重安全性

卫浴间的设计最好采用干湿分离的方式，防止因地面多水，而给居室留下安全隐患。另外，在浴缸旁和淋浴间里最好安装安全把手。

4. 卫浴间设计应事先设想好尺寸问题

卫浴间设备的尺寸要与卫浴间的空间相匹配，一般浴缸尺寸为 150 ~ 180 厘米，宽约 80 厘米，高度为 50 ~ 60 厘米；而洗面台的宽度至少为 100 厘米。

5. 卫浴间的核心区域

核心区域		要　点
沐浴区		◎卫浴间空间较小，可选择简洁沐浴房 ◎卫浴间面积足够大，可选择异形浴缸或按摩浴缸 ◎若喜欢享受生活，可加入视听功能
洗漱区		◎如不想对沐浴区作过多设计，可把设计重点放在洗漱区 ◎富有造型感的洗面台面、设计感极强的洗浴柜、洗面台上方的墙面，都可让家居环境独具特色

装修省钱关键点 The key point

Point 38
卫浴间不要有过多的装饰

一般卫浴间的面积都不大，因此不要在卫浴间设置过多的装饰，以“三大件”（洗面盆、洗浴器、坐便器）为核心，辅以必要的储物小家具即可。

Point 39
浴缸与淋浴门可完美结合

卫浴间如果装了浴缸，可以将淋浴拉门直接架在浴缸上，既实现了干湿分离，施工又简单，造价也很便宜。

七、玄关的设计重点

1. 选择合适的材料

玄关装修中，只有选择了合适的材料，才能为整体居室起到“点睛”的作用。如玄关地面最好采用耐磨、易清洗的材料；墙壁的装饰材料，一般都和客厅墙壁统一，不妨在购买客厅材料时，多买一些

2. 玄关的核心区域

核心区域		要　点
玄关背景墙		◎配色最好以中性偏暖的色彩为宜 ◎常用材料为壁纸和乳胶漆
玄关柜 / 玄关隔断		◎玄关柜不宜太高或太低，以 2 米的高度最为适宜 ◎玄关隔断宜采用通透材料，如玻璃

装修省钱关键点 The key point

Point 40 玄关装饰画的巧妙应用

若想将玄关装点得比较活泼，最简单的办法是在墙面上挂几张照片或装饰画，再在画旁加盏小灯。如果想更省钱，不妨来几幅自己的涂鸦作品。

Point 41 鞋柜与玄关柜的巧妙融合

鞋柜也可当做玄关柜使用，用现成的鞋柜还比木作的鞋柜更便宜，只要在上面摆上画、园艺盆栽，鞋柜旁边再搭配高几及绿色植物，就能做到既省钱又实用。

省钱核心：货比三家选好材料

建材的选择不仅可以影响空间的风格及氛围，更关系到入住后的清洁、保养、安全等问题。在进行装修工程前最重要的工作就是挑选建材。在采购前充分了解每种建材的特性，不仅有助于与设计师、施工队的沟通，也能在监工时了解设计师及施工队是否用对了建材，避免错误用材而导致了资金的浪费。

了解材料的常识

一、选购建材前需要考虑的因素

1. 根据家庭成员考虑家居用材

在选购建材之前首先要考虑居住的人员，如家中有行动不便的老人，大理石或抛光砖这类的光滑建材就不适合。若家中有小孩或养有宠物，木地板容易被破坏，因此也不适合使用；另外铁艺材料容易对幼童产生伤害，最好也尽量减少用量。

2. 根据空间的特性考虑家居用材

每一种材料都有其优缺点。像潮湿的厨房、卫浴间等家居空间，就不适用木地板及壁纸等怕潮的材料，所以在选材时要考虑空间的特性。

3. 根据家装预算选择合适的建材

材料的预算费用差别极大，就算是统一的材质，价格也有差距，因此当预算不足时，调整材料寻找替代建材是最好的解决方案。

4. 根据空间风格选择建材

空间风格营造得是否成功，通常取决于材料的选择。例如，空间风格偏向于乡村风格，就要选择温馨、质朴、质感自然的材料；空间风格偏向于现代风格，则可以选择时尚、前卫的新型材料。

5. 根据工期长短选择建材

每一种材料所需的施工期限有所不同，以地板为例，石材或瓷砖类材质要先将地面抹光，需要至少一周的时间，若有施工期限的限制，则应连地面抹光的时间一并考虑。

二、装修前、中、后期分别要定下来的材料种类

1. 装修前需定下的材料种类

材料种类	备　注
地采暖	由于地采暖施工需要 4 ~ 5 天的工期，而在地采暖施工时，装修工程无法进行。因此建议对地采暖产品比较了解的业主在装修之前就将地采暖施工完毕，这样节省装修时间
橱柜	◎橱柜主要是功能分区设计，初步需要在水电改造之前定下橱柜厂家，让厂家来进行初步测量，确定橱柜的位置、使用方式，以及电器和水电路的位置 ◎贴完砖后，橱柜厂家进行第二次测量，这时再与设计师沟通，确定橱柜的颜色、款式等细节

2. 施工过程中应选购的材料种类

材料种类	备　注
瓷砖	瓷砖应该结合房屋的整体规划购买。如果确定房屋的户型结构不会改变，可以提前预订瓷砖，甚至可以具体到瓷砖型号。如果后期发生结构改造，瓷砖很有可能因为房屋面积的改变而不能使用
洁具	坐便器、洗面盆等的长度、宽度都需要依据卫浴间的实际空间比例来确定
地板	地板不仅要考虑耐磨度，也要考虑厚度问题。如果不同房间，既有铺砖的，也有铺地板的情况，很容易造成整个空间过渡时高度不一
铝扣板	业主在购买集成吊顶时，要考虑整体风格的统一。具体款式和颜色需等贴完墙砖后再做选择
门	各厂家生产的门的尺寸不同，因此需要让厂家先行测量，告诉施工工人将洞口扩大或缩小至固定尺寸。厂家二次测量之后再确定门的款式、颜色等

3. 装修后期应选购的材料种类

材料种类	备　注
五金锁具	虽然门的生产厂家一般都有配套锁具，但为了节省费用和符合家居风格的要求，最好自己配制锁具。但单买需到后期，整体风格确定后，再与设计师沟通锁具的颜色、款式
开关、插座	由于开关、插座也是装饰的一部分，因此需要等整个装修完成后，考虑整体风格再购买，有利于整体风格的协调统一
窗帘、壁纸	窗帘和壁纸属于装饰部分，在整个装修过程中，设计方案可能会有变动，或者有新的灵感，因此完工之后购买最适宜
家具	后期应依据家装风格与设计师一起选购

装修省钱关键点 The key point

Point 42 理性选购建材

材料的选购并不是越贵越好，例如壁纸的选购，一卷千元的壁纸与一卷百元的壁纸，摸起来质感是有所不同的，但在风格营造上，只要用对花纹图案及色彩，同样能够展现风格效果，重要的是符合预算，应用了创意提升了建材的质感。

Point 43 合理有效地选择团购建材

并不是所有的家居建材都适合团购，要进行有效筛选。其中适合团购的材料有：瓷砖、地板类，品种较为统一、用量大；厨卫设施的价格较高，不团购，容易超支；选择综合性的大型灯具商场，洽谈团购，既能够享受低价，又有多种选择；家用电器不要自行组织团购，直接参加大型网站举办的团购活动即可。

要分清材料的档次

好不容易买下一套属于自己的房屋，装修自然不能草率。因此大部分业主在装修时，往往会选择品牌材料，生怕装修结果不能令自己满意。其实在家庭装修中，要想省钱，就不要盲目追求高档品牌，只需分清材料的档次，选择合适的家居材料，同样能装修出一个既实用又美观的家居空间。

1. 瓷砖的等级划分

瓷砖按国家标准规定的等级划分为两个级别：优等品和一级品。优等品是最好等级，一级品是指有轻微瑕疵的产品。另外，瓷砖的等级区分中有一种最低档的，称为“渗花”，是利用呈色较强的可溶性色料，经过适当的工艺处理，通过丝网印刷工艺，将预先设计好的图案印刷到瓷质砖坯体上，依靠坯体对渗花釉的吸附和助渗剂对坯体的润湿作用渗入到坯体内部，烧成抛光后就是呈现色彩或花纹的陶瓷砖。因此砖体表面不耐磨，且防污性能差。

2. 石材的等级划分（按 600 毫米 ×600 毫米常用规格考虑）

缺 陷	一级品	二级品
平度偏差	不超过 0.6 毫米	不超过 1 毫米
角度偏差	不超过 0.6 毫米	不超过 0.8 毫米
棱角缺陷深度	不得超过石材厚度的 1/4	不得超过石材厚度的 1/2
裂纹	裂纹长度不得超过裂纹顺延方向总长度的 20%，距板边 60 毫米范围内不得有与边缘大致平行的裂纹	贯穿裂纹长度不得超过裂纹顺延方向总长度的 30%

3. 板材的等级划分

档次划分	内 容
高档板材	美国红橡木、红松木，缅甸和泰国柚木等
中高档板材	水曲柳木、柞木等
中档板材	橡胶木、柚木、榉木、西南桦木等；以上中端木材为马来西亚橡胶木最好
中低档板材	东北桦木、椴木、香樟木、柏木、樟子松木等
低档板材	南方松木、香杉木等

4. 涂料的等级划分

档次划分	内　容
A 类原装进口涂料	采用欧美高标准原材料，因此产品在环保、调色、物理性能等各个方面都具备超凡的水平
B 类国际品牌国内生产的涂料	设备、工艺、质量较好，广告投入大，广告费用在价格中所占比例较高
C 类品牌的涂料	主要为油性聚酯漆、低价工业漆和工程用漆

5. 壁纸的等级划分

档次划分	内　容
一等壁纸	以美国、瑞典等国家的壁纸品牌为代表的纯纸及无纺壁纸。此类壁纸高度环保使用寿命长，色彩、工艺堪称完美
二等壁纸	以荷兰、德国、英国为代表的低发泡和对版压花壁纸，其环保指数为国内的几倍甚至几十倍
三等壁纸	国产及韩国壁纸，以 PVC 材料为主。

6. 地板的等级划分

档次划分	内　容
优等品	板面无裂纹、虫眼、腐朽、弯曲、死节等缺陷
B 级板	板面有上述明显缺陷而降价处理的板块，只等同于国标规定的合格品等级
本色板	加工所用“UV”淋漆工艺，漆色透明，能真实反映木材的本来面目
调色板	在油漆工艺中注入了特定颜色，使木材的真实质量、特性及所有缺陷难以辨认

装修省钱关键点 The key point

Point 44 卫浴间装修不要盲目追求品牌瓷砖

卫浴间选购瓷砖不要盲目追求品牌，单价相差 10 元的瓷砖，一个卫浴间的整体差价就有可能达到好几百元。因此，只要能够达到使用标准，在颜色搭配上花一些心思，普通品牌瓷砖的最终装修效果也不会亚于一些品牌瓷砖。

Point 45 涂料的选择，切合需要最实惠

要切实依据自己的所需来购买涂料才能做到经济实惠。进口涂料好是好，但是价格贵，相比国产涂料，它们的价格一般要高出 20% ~ 50%，若从实惠的角度考虑，业主可以完全放心去购买质优的国产品牌。

Point 46 壁纸不选贵的，只选最环保的

壁纸售价从几十元一平方米到几百元一平方米不等，这些都是按照品牌和“质量”划分，但其实壁纸的产品质量和加工工艺，甚至售后服务，几乎没有多大区别。另外，挑选壁纸时环保是最重要的，这关乎壁纸的用材，PVC、无纺布、纸基、硅藻泥等，不同材质壁纸的环保性不同，其中，硅藻泥和无纺布壁纸的环保性最好。

材料的用量与计算

在家居装修中，计算材料的用量是每一位业主都会关注的问题。材料用量的计算看似复杂，但其实只要掌握了一定的技巧，就能轻易了解家居装修中材料用量的多少；也只有材料用量计算得精准才能更多地减少预算，避免钱财的浪费。

1. 吊顶用料的计算

吊顶板用量 =（长 – 屏蔽长）×（宽 – 屏蔽长）

例如：以净尺寸面积计算出 PVC 塑料吊顶的用量。PVC 塑胶板的单价是 50.81 元 / 米 ²；屏蔽长、宽均为 0.24 米，吊顶长为 3 米，宽为 4.5 米，吊顶板用量 =（3 – 0.24）×（4.5 – 0.24）≈ 11.76 米 ²。

2. 贴墙材料用料的计算

贴墙材料的花色品种确定后，可根据居室面积合理地计算用料量，考虑到施工时可能的损耗，可比实际用量多买 5% 左右。

分类	计算方式
以公式计算	将房间的面积乘以 2.5，所得的积就是贴墙用料数。如 20 平方米的房间用料为 20×2.5=50（米）。还有一个较为精确的公式：$S=(L/w+1)(H+h)+C/$米，其中 S 代表所需贴墙材料的长度（米）；L 代表扣去窗、门后的四壁总长度（米）；w 代表贴墙材料的宽度（米），加 1 作为拼接花纹的余量；H 代表所需贴墙材料的高度（米）；h 代表贴墙材料上两个相同图案的距离（米）；C 代表窗、门等上下所需贴墙的面积（米 ²）
实地测量	这种方法更为准确，先了解所需贴墙材料的宽度，依此宽度测量房间墙面（除去门、窗等部分）的周长，在周长中有几个贴墙材料的宽度，即需贴几幅。然后量一下应贴墙的高度，以此乘以幅数，即为门、窗以外部分墙面所需贴墙材料的长度。最后仍以此法测量窗下墙面、不规则的角落等处所需用量的长度，将它与已算出的长度相加，即为总长度。这种方法更适用于细碎花纹图案，贴墙材料拼接时无需拼接图案

3. 壁纸用量的计算

壁纸用量（卷）= 房间周长 × 房间高度 ×（100 + K）%（公式中，K 为壁纸的损耗率，一般为 3%~10%）。

K 值的大小与下列因素有关	
1	大图案比小图案的利用率低，因而 K 值略大；需要对图案的壁纸比不需要对图案的壁纸利用率低，K 值略大；同排列的图案比横向排列的图案利用率低，K 值略大
2	裱糊面复杂的要比普通平面的壁纸需用量多，K 值高
3	拼接缝壁纸利用率最高，K 值最小，重叠、裁切、拼缝壁纸利用率最低，K 值最大

4. 涂料用料的计算

涂料乳胶漆的包装基本分为 5 升和 15 升两种规格。以家庭中常用的 5 升容量为例，5 升包装的涂料理论涂刷面积为 35 米²，可刷两遍。

◎粗略的计算方法：地面面积 ×2.5÷35= 使用桶数

◎精确的计算方法：（长 + 宽）×2× 房高 = 墙面面积

长 × 宽 = 顶面面积

（墙面面积 + 顶面面积 − 门窗面积）÷35= 使用桶数

5. 地砖用料的计算

地砖用量：

每百米²用量 =100/［（块料长 + 灰缝宽）×（块料宽 + 灰缝宽）］×（1+ 损耗率）（注：一般不同房型损耗率不同，为 1% ~ 5%）

地砖总价 = 地砖数 × 地砖单价

◎例如：选用复古地砖规格为 0.5 米 ×0.5 米，拼缝宽为 0.002 米，损耗率为 1 %。100 米²需用块数为：100 米²用量 =100/［（0.5+0.002）×（0.5+0.002）］×（1+0.01）≈ 401（块）

6. 石材用料的计算

分类	计算方式
地面石材用料计算一	房间地面面积 ÷ 每块地砖面积 ×(1+5%)= 用砖数量 (公式中 5% 系指增加的损耗量
地面石材用料计算二	(房间长度 / 砖长) ×(房间宽度 / 砖宽)= 用砖量 计算墙面石材，在核算时应分别进行，按各种规格来分别计算其总面积。对于复杂墙面和造型墙面，应按展开面积来计算。每种规格墙面材料的总面积计算出来后，再分别除以规格尺寸，即可得到各种规格板材的数量 (单位一般为“块”)，最后加上 5% 左右的损耗量

7. 地板用量的计算

※ 实木地板用量的计算

实木地板铺装中通常要有 5%~8% 的损耗，在计算中要考虑进去。

◎粗略的计算方法：房间面积 ÷ 地板面积 ×（10%+8%）= 使用地板块数（其中，8% 为损耗量）

◎精确的计算方法：（房间长 ÷ 地板长）（房间宽 ÷ 地板宽）= 使用地板块数

※ 复合地板用量的计算

复合木地板在铺装中会有 3%~5% 的损耗，如果以面积计算，千万不要忽视这部分的用量。

◎粗略的计算方法：地面面积 ÷（1.2×0.19）×（1+5%）= 地板块数（其中，5% 为损耗量）

◎精确的计算方法：（房间长度 ÷ 地板长）（房间宽度 ÷ 地板宽）= 地板块数

8. 包门材料用量的计算

包门材料的用量 = 门外框长 × 门外框宽

◎例如：用复合木板包门，门外框长 2.7 米，宽 1.5 米，其材料用量如下：包门材料的用量 =2.7×1.5=4.05（m^2）

家居装饰中常用的材料

一、壁纸：展现墙面风格和品位的装饰材料

1. 纯纸壁纸

纯纸壁纸是一种全部用纸浆制成的壁纸，是一种环保低碳的家装理想材料。纯纸壁纸的风格多倾向于小清新的田园风格和简约风格。纯纸壁纸可以应用于客厅、餐厅、卧室、书房等空间，不适用于厨房、卫浴间等潮湿空间。另外，由于纯纸壁纸环保性强，所以特别适合用于对环保要求较高的儿童房和老人房。纯纸壁纸的价格为 200~600 元 / 米 ^{2}，比 PVC 壁纸的价格略高。

◎优点：不含化学成分，色彩还原好，防紫外线。

◎缺点：由于纸浆价格越来越高且稀有，纯纸壁纸并不常用。另外，纯纸壁纸不耐湿。

※ 纯纸壁纸的选购要点

闻起来要无异味，手摸要光滑，要购买同一批次的产品。燃烧时应无刺鼻气味，残留物均为白色。滴几滴水，看水是否透过纸面，不应因被水泡过而掉色。

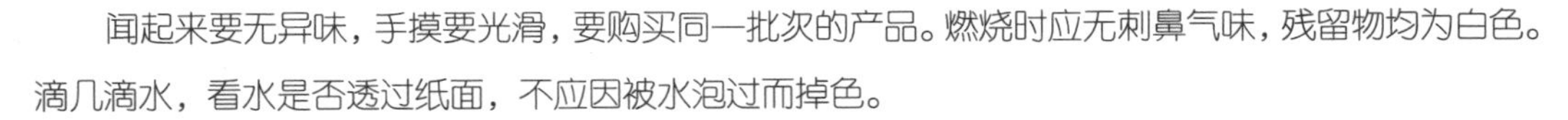

※ 纯纸壁纸的保养要点

铺贴纯纸壁纸后最好 3 天内不开冷气。让刚刮好的腻子与刚贴上去的壁纸在自然状态下风干，这样可以令纯纸壁纸的使用寿命更长。

2.PVC 壁纸

PVC 壁纸是使用 PVC 高分子聚合物作为材料，通过印花、压花等工艺生产制造的壁纸。PVC 壁纸的花纹较多，可适用于任何家居风格，同时具有较强的质感和较好的透气性，能够抵御油脂和湿气的侵蚀，可用在厨房和卫浴间，几乎适合家居中的所有空间。PVC 壁纸的价格为 100 ~ 400 元

/米²，在经济型家居中使用范围广。

◎优点：具有一定的防水性，施工方便，耐久性强。

◎缺点：透气性能不佳，在湿润的环境中，对墙面的损害较大，且环保性能不高。

※PVC 壁纸的选购要点

用鼻子闻有无异味，看表面有无色差、死褶与气泡，对花是否准确，有无重印或者漏印的情况。用笔在表面画一下，再擦干净，看是否留有痕迹。在表面滴几滴水，看是否有渗入现象。

※PVC 壁纸的保养要点

擦拭时应从偏僻的墙角或门后隐蔽处开始，同时避免用尖锐的物品划伤壁纸表面。

3. 无纺布壁纸

无纺布壁纸是高档壁纸的一种，采用天然植物纤维无纺工艺制成。无纺布壁纸可以适用于任何风格的家居装饰中，特别适用于田园风格的家居。无纺布壁纸广泛应用于客厅、餐厅、书房、卧室、儿童房墙面的铺贴。无纺布壁纸的价格为 200~1000 元 / 米²，其中欧美国家的价格最高，日本居中，国产无纺布壁纸的价格最低。

◎优点：新一代环保材料，具有防潮、透气、柔韧、质轻、不助燃、容易分解、无毒无刺激性、色彩丰富、可循环再利用等特点。

◎缺点：形式、色彩的选择面相对狭窄，没有普通壁纸品种、样色多。

※ 无纺布壁纸的选购要点

颜色均匀，图案清晰，布纹密度高，手感柔软细腻；气味较小，甚至没有气味；易燃烧，火焰明亮；擦拭后能够轻易去除脏污痕迹。

※ 无纺布壁纸的保养要点

需多加注意室内空气的流通；可用吸尘器全面吸尘。

装修省钱关键点
The key point

Point 47
壁纸可以搭配着选购

一些特价的老款壁纸可用在壁柜、次卧室、书房等不太重要的地方；新款壁纸则用在玄关、客厅等作为门面的地方；高价的木纤维壁纸或织物壁纸用在主卧室、老人房和儿童房，这样搭配着用壁纸就不会造成超支的情况。

Point 48
选购壁纸要考虑实用性

选购壁纸之前，首先要结合自己的经济实力做好预算，不要只关注壁纸的颜色和花纹图案是否漂亮，因为再漂亮的壁纸，时间长了，也容易过时，但好的质地却不会改变。

二、涂料：营造空间色彩和氛围的绝佳材料

1. 乳胶漆

乳胶漆是乳胶涂料的俗称，是以丙烯酸酯共聚乳液为代表的一大类合成树脂乳液涂料。乳胶漆的色彩丰富，可以根据自身喜好调整颜色，涂刷出各种家居风格。乳胶漆的应用广泛，可用于建筑物外墙及室内空间中墙面、顶面的装饰。乳胶漆的价格差异较大，市面上的价格大致是200 ~ 2000元/米^2。

◎优点：无污染、无毒、无火灾隐患，易于涂刷、干燥迅速，漆膜耐水、耐擦洗性好，色彩柔和。

◎缺点：涂刷前期作业较费时费工。

※ 乳胶漆的选购要点

闻到刺激性气味或工业香精味应慎重选择。放一段时间后，正品乳胶漆表面会形成厚厚的、有弹性的氧化膜，不易裂。用木棍将乳胶漆拌匀，再挑起来，优质乳胶漆往下流时会成扇面形。用湿抹布擦洗不会出现掉粉、露底的褪色现象。

※ 乳胶漆的保养要点

平时用湿布或海绵蘸清水，以打圆圈的方式轻轻擦拭脏污的地方即可。

2. 艺术涂料

艺术涂料最早起源于欧洲，20世纪进入国内市场后，以其新颖的装饰风格，备受人们的欢迎和推崇艺术涂料的种类较多，但其特有的艺术性效果，最适合时尚现代的家居风格。

应用于装饰设计中的主要景观，如门庭、玄关、电视背景墙、廊柱、吧台、吊顶等，能产生极其高雅的效果。艺术涂料根据图案的复杂程度，价格在35 ~ 220元/米²，比普通壁纸的价格还实惠。

◎优点：无毒、环保，同时还具备防水、防尘、阻燃等功能。优质的艺术涂料可洗刷、耐摩擦，色彩常新。

◎缺点：对施工人员作业水平要求严格，需要较高的技术含量。

※ 艺术涂料的选购要点

取少许艺术涂料放入半杯清水中搅动，杯中的水仍清晰见底。储存一段时间，保护胶水溶液呈无色或微黄色，且较清晰。保护胶水溶液的表面通常没有或极少有漂浮物。

※ 艺术涂料的保养要点

用一些软性毛刷清理灰尘，再以拧干的湿抹布擦拭。经常擦去表面浮灰，定期用喷雾蜡水清洁保养

3. 木器漆

木器漆是指用于木制品的一类树脂漆，有硝基漆、聚酯漆、聚氨酯漆等。漆可分为水性和油性两类按光泽可分为高光、半亚光、亚光。木器漆适用于各种风格的家具及木地板饰面。根据木器漆品质的区别价格为200 ~ 2000元/桶不等。

◎优点：可使木材表面更加光滑，避免木材直接被硬物刮伤或产生划痕；有效地防止水分渗入木材内部造成腐烂；有效防止阳光直晒木质家具造成干裂。

◎缺点：油性漆有污染，还可以燃烧。

※ 木器漆的选购要点

在选择聚氨酯木器漆的同时，应注意木器漆稀释剂的选择。选购水性木器漆时，应当去正规的家装超市或专卖店购买。

※ 木器漆的保养要点

涂刷后 7 天内是油漆的养护期，要保持室内空气流动和适中的温度。涂刷后的家具切忌靠近火炉和暖器片等取暖器。经常用柔软的纱布揩擦，抹去灰尘、污迹，并定期用汽车上光蜡或地板蜡擦拭。若沾上污渍，要立即用低浓度的皂水洗去。

4. 金属漆

金属漆是国际环保水性工业漆，以清水为稀释剂。金属漆具有豪华的金属外观，并可随个人喜好调制成不同颜色，在现代风格、欧式风格的家居中有广泛的利用。另外，金属漆不仅可以广泛应用于经过处理的金属、木材等基材表面，还可以用于室内、外墙饰面、浮雕梁柱异型饰面。金属漆根据品质的区别，价格一般在 50 ~ 400 元 / 桶。

◎优点：漆膜坚韧、附着力强，具有极强的抗紫外线、耐腐蚀性和高丰满度的特性，能全面提高涂层的使用寿命和自洁性。

◎缺点：耐磨性和耐高温性一般。

※ 金属漆的选购要点

观察金属漆的涂膜是否丰满光滑，是否是由无数小的颗粒状或者片状拼凑起来。

※ 金属漆饰面保养要点

要注意上蜡时不能用力过重，防止穿透金属漆露出底色；定期用优质的清洁剂进行清洁。

装修省钱关键点 The key point

Point 49
了解乳胶漆为何贵，根据需求选择

乳胶漆的品牌非常多，造成市场上乳胶漆的价格差距大得惊人。如无品牌的乳胶漆为 50 ~ 60 元 / 桶（18 千克），中档品牌的乳胶漆为 180 ~ 350 元 / 桶（18 千克），高档品牌的乳胶漆为 150 ~ 300 元 / 桶（5 千克）。

三、瓷砖类：地面、墙面砖的选购

1. 玻化砖

玻化砖是由石英砂、泥按照一定比例烧制而成的，是通体砖坯体表面经过打磨而形成的一种光亮的砖。玻化砖可以随意切割，任意加工成各种图形及文字，形成多变的造型。可用开槽、切割等分割设计令砖的规格有丰富的变化，以满足客户个性化的需求。玻化砖较适用于现代风格、简约风格等家居风格。同时适用于玄关、客厅等人流量较大空间的地面铺设，不太适用于厨房这种油烟较大的空间。玻化砖的价格差异较大，为 40 ～ 500 元 / 米 ^{2}。

◎优点：吸水率、边直度、弯曲强度、耐酸碱性等方面都优于普通釉面砖、抛光砖及一般的大理石。

◎缺点：经打磨后，毛气孔暴露在外，油污、灰尘等容易渗入。

※ 玻化砖的选购要点

表面要光泽亮丽，无划痕、色斑、漏抛、漏磨、缺边、缺脚等缺陷。手感较沉，敲击声音浑厚且回音绵长。玻化砖越加水会越防滑。

※ 玻化砖的保养要点

在表面涂刷一层 SW 防水防污剂，可以阻止水分及污垢的侵入。日常保养时，可将水性蜡倒在干净的干拖把上，均匀涂布。上蜡多次后地砖表面会变黄，重新上蜡时则要用除蜡剂处理。

2. 釉面砖

釉面砖是装修中最常见的砖种，由于其色彩图案丰富，而且防污能力强，因此被广泛应用于厨房、卫浴间等墙面和地面的装修，但不宜用于室外，因为室外的环境比较潮湿，釉面砖会吸收水分产生湿胀。根据光泽的不同，釉面砖又可以分为光面釉面砖和亚光釉面砖两类，可以根据家居空间的需求来选择。釉面砖的价格和抛光砖的价格基本持平，为 40 ～ 500 元 / 米 ^{2}。

◎优点：色彩图案丰富、规格多。可防渗，可无缝拼接，任意造型，韧度非常好，基本不会发生断裂现象。

◎缺点：由于釉面砖的表面是釉料，所以耐磨性不如抛光砖。

※ 釉面砖的选购要点

釉面砖的选购要点和抛光砖基本相同。

※ 釉面砖的保养要点

使用抹布蘸水或用瓷砖清洗剂擦拭砖面即可。隔一段时间可在表面打液体免抛蜡、液体抛光蜡或做晶面处理。

3. 仿古砖

仿古砖是从彩釉砖演化而来的，实质上是上釉的瓷质砖。仿古砖与普通的釉面砖相比，两者的差别主要表现在釉料的色彩上面。仿古砖能轻松营造出居室的风格，十分适用于乡村风格、地中海风格等的家居设计。较为适用的家庭空间有客厅、厨房、餐厅等，也有适合厨、卫等区域使用的小规格砖。仿古砖的价格差异较大，一般为 15 ~ 450 元 / 块，而进口仿古砖会达到每块上千元。

◎优点：具有极强的耐磨性，同时兼具防水、防滑、耐腐蚀的特性。

◎缺点：仿古砖的搭配需要花心思进行，否则风格容易过时。

※ 仿古砖的选购要点

仿古砖的耐磨度在一度至四度间选择即可。购买时要比实际面积多买约 5%，以免补货时出现色差、尺差的情况。

※ 仿古砖的保养要点

水泥渍或锈渍可用普通工业盐酸与水或碱水、有机溶剂等去除。砖面有划痕可在划痕处涂牙膏，再用柔软的干抹布擦拭。另外，仿古砖要定期打蜡。

4. 马赛克

马赛克又称“锦砖”或“纸皮砖”，由坯料经半干压成形，窑内焙烧而成。马赛克适用的家居风格广泛，尤其可以营造出不同风格的家居环境，如玻璃马赛克适合现代风情的家居，而陶瓷马赛克适合田园风格的家居等。适用的家居空间有厨房、卫浴间、卧室、客厅等。马赛克的价格依材质不同而有很大差距，一般的马赛克价格是 90 ~ 450 元 / 平方米，品质好的马赛克价格可达到 500 ~ 1000 元 / 米 ^{2}。

◎优点：具有防滑、耐磨、不吸水、耐酸碱、抗腐蚀、色彩丰富等优点。

◎缺点：缝隙小，较易藏污纳垢。

※ 马赛克的选购要点

内含装饰物，分布面积应占总面积的 20%以上，且分布均匀。背面应有锯齿状或阶梯状沟纹。

※ 马赛克的保养要点

可用一般洗涤剂洗涤；若马赛克脱落、缺失，可用同品种的粘补。

Point 50
尽可能购买小块瓷砖

把握家装“小块省砖，大块费砖”原则，结合设计效果选用偏小规格的瓷砖。一般小卫浴间，墙砖尺寸在 300 毫米 ×300 毫米左右；客厅地砖尺寸在 800 毫米 ×800 毫米左右。

四、石材：最坚固耐久的装修材料

1. 大理石

大理石的主要成分是碳酸钙。某些黏性矿物质在石材的形成过程中与碳酸钙结合，从而形成绚丽的色彩，也因此可用来营造效果，特别适合现代风格和欧式风格的装修。大理石多用在居家空间，如墙面、地面、吧台、洗漱台面及造型面等；因为大理石的表面比较光滑，不建议大面积用于卫浴间地面，容易使人摔倒。大理石的价格依种类不同而略有差异，一般为 150 ~ 500 元 / 米 ^{2}，品相好的大理石可以令空间变得具有高品位、高档次。

◎优点：花纹品种繁多、色泽鲜艳、石质细腻、吸水率低、耐磨性好。

◎缺点：容易吃色，若保养不当，易有吐黄、白华等现象。

※ 大理石的选购要点

色调基本一致，色差较小，花纹美观，抛光面具有镜面一样的光泽；用硬币敲击大理石，声音清脆。将墨水滴在表面或侧面上，不容易吸水。将稀盐酸涂在大理石上，若其变得粗糙，则不是真正的大理石。

※ 大理石的保养要点

以微湿带有温度的布擦拭。应注意防止铁器等重物磕砸石面，轻微擦伤可用专门的大理石抛光粉和护理剂处理。用温润的水蜡保养大理石的表面；2 ~ 3 年最好重新抛光大理石。

2. 花岗石

花岗石是一种岩浆在地表以下凝结形成的火成岩，主要成分是长石和石英。花岗石的色泽持续力强且稳重大方，比较适合古典风格和乡村风格的居室。但是由于花岗石中的镭放射后会产生的气体——氡，长期被人体吸收、积存，会在体内形成辐射，使肺癌的发病率提高，因此花岗石不宜在室内大量使用，尤其不要在卧室、儿童房中使用。一般较少用于室内地面铺设，而是多用于楼梯、洗手台台面等经常使用的区域，有时也会作为大理石的收边装饰。花岗石的价格依种类不同而略有差异，一般为 150 ~ 500 元 / 米 ^{2}。

◎优点：具有良好的硬度，而且抗压强度好、孔隙率小、导热快、耐磨性好、抗冻、耐酸、耐腐蚀、不易风化。

◎缺点：花纹变化相对大理石较为单调，存在少量放射物质。

※ 花岗石的选购要点

表面光亮，色泽鲜明，晶体裸露。厚薄要均匀，四个角要准确分明，切边要整齐，各个直角要相互对应。

※ 花岗石的保养要点

使用吸尘器或静电拖把效果较佳。选择专用的清洁剂清洗，避免强酸或强碱。清洁保养时，尽量少用水。

3. 人造石材

人造石材是以不饱和聚酯树脂为黏结剂，配以天然大理石或方解石、白云石、硅砂、玻璃粉等无机物粉料，以及适量的阻燃剂、颜料等，经配料混合、振动压缩、挤压等方法成型固化制成的一种石材。其花纹及样式较为丰富，因此可以根据空间风格选择适合的人造石材进行装点。人造石材常常用于台面装饰，但由于人造石材的硬度比大理石略大，因此也很适合用于地面铺装及墙面装饰。人造石材的价格依种类不同而略有差异，一般为 200 ~ 500 元 / 米 ^{2}。

◎优点：功能多样、颜色丰富、造型百变，应用范围广泛；没有天然石材表层的细微小孔，因此不易积攒灰尘。

◎缺点：纹路不如天然石材自然，不适用于户外，易褪色，表层易腐蚀。

※ 人造石材的选购要点

颜色清纯，通透性好，表面无类似塑料胶质感，板材反面无细小气孔。手摸人造石样品表面有丝绸感无涩感，无明显高低不平感。用指甲划人造石材的表面，无明显划痕。用酱油测试台面渗透性，无渗透用打火机烧台面样品，阻燃，不起明火。

※ 人造石材的保养要点

用海绵加中性清洁剂擦拭，就能保持清洁。消毒可用稀释后的日用漂白剂或其他消毒药水来擦拭人造石材的表面。

五、墙面板材：居家装饰的基础建材

1. 木纹饰面板

木纹饰面板是将天然木材或科技木刨切成一定厚度的薄片，黏附于胶合板表面，然后经热压而制成的一种板材。木纹饰面板的种类众多，色泽与花纹都有很多选择，因此各种家居风格均可选用。另外，木纹饰面板还可用作墙面、门、家具、踢脚线等的表面饰材。由于木纹饰面板的品种众多，产地不一，因此价格差别较大，从几十元到上百元的板材均有。

◎优点：花纹美观、装饰性好、真实感强、立体感突出，是目前室内装饰装修工程中常用的一类装饰面材。

◎缺点：一定要选择甲醛释放量低的板材。

※ 木纹饰面板的选购要点

贴面越厚的性能越好，材质应细致均匀、色泽清晰、与木色相近。表面光洁、无明显瑕疵、无毛刺沟痕和刨刀痕。无透胶现象和板面污染现象；无开胶现象，胶层结构稳定。

※ 木纹饰面板的保养要点

木纹饰面板施工之后，通常会加工贴皮或是上漆，平时保养时用拧干的湿布擦拭，做好基础保养即可；另外，要保证家居环境不过于潮湿，这样才能确保木纹饰面板的耐用性。

2. 细木工板

细木工板是由两片单板中间胶压拼接木板制成的。细木工板的主要部分是芯材，种类有许多，如杨木、桦木、松木、泡桐等。多纹理的特点，使细木工板适用于任何家居风格。另外，细木工板还可用于墙面造型基层及家具、门窗造型基层的制作；细木工板虽然比实木板材稳定性强，但它怕潮湿，施工中应注意避免用于厨卫空间。细木工板的价格为 120 ~ 310 元 / 张，可根据实际情况作出选择。

◎优点：质轻、易加工、握钉力好、不变形。
◎缺点：在生产过程中大量使用尿醛胶，甲醛的释放量普遍较高，环保标准的达到率普遍偏低。

※ 细木工板的选购要点

用手轻抚细木工板板面，如感觉到有毛刺扎手，则表明质量不高。用双手将细木工板的一侧抬起，上下抖动，声音应具有整体感、厚重感。从侧面拦腰锯开，板芯应均匀、整齐，无腐朽、断裂、虫孔等。

※ 细木工板的保养要点

严禁硬物或钝器撞击；房间要保持通风良好，防潮湿、日晒、油污。

装修省钱关键点 The key point

Point 51 尽量选择品质好的细木工板

普通家庭装修细木工板的用量不会超过 10 张，所以即使买最贵的细木工板，总价也能控制在 1500 元以内。建议买单张价格在 125 元以上的细木工板，环保且质量有保证，同时也不会过多增加工程预算。

Point 52 学会根据预算选板材

预算有限时不妨选择人造板材。随着科技和人们环保意识的增强，人造板材从质量和美观上都不会输于实木，同时价格也相对低很多。而且人造板材打破了木材原有的物理结构，产生的形变要比实木小得多。

六、吊顶材料：具有多种功能的建材

1. 纸面石膏板

纸面石膏板是以建筑石膏和护面纸为主要原料，加入适量纤维、淀粉、促凝剂、发泡剂和水等制成的轻质建筑薄板。石膏板的种类很多，不同种类适用于不同的家居环境。如平面石膏板适用于各种风格的家居，而浮雕石膏板则适用于欧式风格的家居。不同品种的石膏板用于装修的部位也不同，如普通纸面石膏板适用于无特殊要求的部位，像室内吊顶等；耐水纸面石膏板因其板芯和护面纸均经过了防水处理，所以适用于湿度较高的潮湿场所，如卫浴间等。石膏板的价格低廉，一般为 40~150 元/张

◎优点：轻质、防火、加工性能良好，而且施工方便、装饰效果好。

◎缺点：受潮会产生腐化，且表面硬度较差，易脆裂。

※ 纸面石膏板的选购要点

优质的纸面石膏板纸面轻且薄，强度高，表面光滑没有污渍，韧性好。高纯度的石膏芯主料为纯石膏好的石膏芯颜色发白。用壁纸刀在石膏板的表面画个“X”，在交叉的地方撕开表面，优质的纸层不会脱离石膏芯。优质纸面石膏板较轻。

※ 纸面石膏板的保养要点

存放处要干燥、通风，避免阳光直射，注意防潮。

2.PVC 扣板

PVC 扣板是以聚氯乙烯树脂为基料，加入一定量的抗老化剂、改性剂等助剂，经混炼、压延、真空吸塑等工艺制成的一种吊顶材料。PVC 扣板的花色、图案很多，可以根据不同的家居环境选用。另外 PVC 扣板多用于室内厨房、卫浴间的顶面装饰。外观呈长条状的 PVC 扣板居多，宽度为 200 ~ 450 毫米不等，长度一般有 3000 毫米和 6000 毫米两种，厚度为 1.2 ~ 4 毫米。PVC 扣板的价格低廉，一般为 10 ~ 65 元/米。

◎优点：花色、图案变化丰富，重量轻、防水、防潮、阻燃且安装简便。

◎缺点：物理性能不够稳定，即便 PVC 扣板不遇水，如果离热源较近，时间长了也会变形。

※PVC 扣板的选购要点

敲击板面声音清脆，用手折弯不变形，富有弹性。用火点燃，燃烧慢说明阻燃性能好，带有强烈刺激性气味则说明环保性能差。

※PVC 扣板的保养要点

清洗时可用刷子蘸清洗剂刷洗；需要注意的是照明电路处不要沾水。

3. 铝扣板

铝扣板是以铝合金板材为基底，通过开料、剪角、模压成型制成的一种吊顶板材。铝扣板的款式较多，

可以满足任何家装风格的装修需求。在室内装饰装修中，多用于厨房、卫浴间的顶面装饰。建材市场上的铝扣板品牌不少，价格为 30 ~ 500 元/米²。优质的铝扣板是以铝为原料，适当加入镁、锰、铜、锌、硅等元素制成的。

◎优点：耐久性强，不易变形、不易开裂，在质感和装饰感方面均优于 PVC 扣板，且具有防火、防潮、防腐、抗静电、吸音等特点。

◎缺点：安装要求较高，特别是对于平整度的要求最为严格。

※ 铝扣板的选购要点

声音脆的说明基材好；看漆面是否脱落、起皮。用打火机将板面熏黑后，应易于擦去黑渍。

※ 铝扣板的保养要点

一般用清洁剂清一遍，再用清水清一遍即可。调换和清洁吊顶面板时，可用磁性吸盘或专用拆板器快速取板。

七、地板：天然舒适的无压建材

1. 实木地板

实木地板是天然木材经烘干、加工后形成的地面装饰材料。基本适用于任何家装风格，但用于乡村、田园风格更能突显其特点，主要用于客厅、卧室、书房的地面铺设。实木地板因木料不同，所以在价格上也有所差异，一般为 400 ~ 1000 元/米²，较适合高档装修。

◎优点：基本保持了原料自然的花纹，脚感舒适、使用安全是其主要特点，且具有良好的保温、隔热、隔音、吸音、绝缘性能。

◎缺点：难保养；对铺装的要求较高，一旦铺装不好，会造成一系列问题，如有声响等。

※ 实木地板的选购要点

检查基材是否有死节、开裂、腐朽、菌变等缺陷。查看漆膜的光洁度，是否有气泡、漏漆等问题。观察企口咬合、拼装间隙、相邻板间的高度差等情况。

※ 实木地板的保养要点

日常清洁使用拧干的棉拖把擦拭即可。要注意避免金属锐器、玻璃瓷片、鞋钉等坚硬物划伤地板。建议每年上蜡保养两次。

2. 实木复合地板

实木复合地板是将优质实木锯切、刨切成表面板、芯板和底板单片，然后将三种单片依照纵向、横向、纵向三排列方法，用胶水粘贴起来，并在高温下压制成板。实木复合地板的颜色、花纹种类很多，因此业主可以根据家居风格来选择合适的品种。在家居空间中其适合客厅、卧室和书房的使用，厨、卫等经常沾水的地方少用为好。实木复合地板档次不同价格不同，低档的价位在 100 ~ 300 元 / 米^2；中等的价位在 150 ~ 300 元 / 米^2；高档的价位在 300 元 / 米^2 以上。

◎优点：具有天然木质感，容易安装维护、防腐防潮、抗菌，并且相较于实木地板更加耐磨。

◎缺点：如果胶合质量差会出现脱胶现象；表层较薄，使用中必须重视维护保养。

※ 实木复合地板的选购要点

表层板材越厚，就越耐磨损。应选择表层质地坚硬、纹理美观的品种；应选用芯层和底层质地软、弹性好的品种。胶合性能是该产品的重要质量指标。

※ 实木复合地板的保养要点

实木复合地板的保养与实木地板相似。

3. 强化复合木地板

强化复合木地板由耐磨层、装饰层、基层、平衡层组成，较为适合简约风格的家居装修。强化复合地板的应用空间与实木地板、实木复合地板基本相同，较适合客厅、卧室等空间，不太适用于厨、卫。强化复合地板的价格区间较大，28 ~ 280 元 / 米^2 的均有，质量中上等的价格为 90 元 / 米^2。

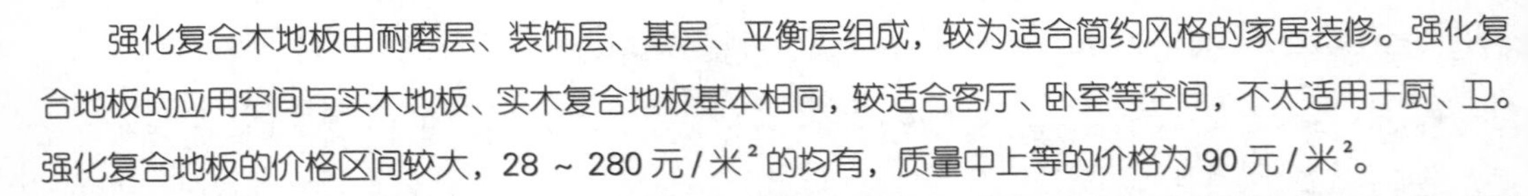

◎优点：应用面广，无需上漆打蜡，日常维修简单，使用成本低。

◎缺点：水泡损坏后不可修复，脚感较差。

※ 强化复合木地板的选购要点

强化复合木地板的表面要光洁、无毛刺。国产和进口的强化复合木地板在质量上没有太大差距，不用迷信国外品牌。

※ 强化复合木地板的保养要点

如有特殊脏迹，可用柔和的清洁剂或温水立即清洗。强化复合木地板不需要打蜡和油漆，同时切忌用砂纸打磨抛光。

装修省钱关键点
The key point

Point 53
确定地板的强度

一般来讲，木材密度越高，强度也越大，质量越好，价格当然也越高。但不是家庭中所有空间都需要高强度的地板，如客厅、餐厅等这些人流活动大的空间可选择强度高的品种；而老人房、书房等则可以选择强度一般的。

Point 54
实木地板购买时应多买一些作为备用

一般 20 平方米的房间材料损耗在 1 平方米左右，所以在购买实木地板时，不能按实际面积购买，以防止日后地板的搭配出现色差等问题。

八、玻璃：放大空间的艺术建材

1. 烤漆玻璃

烤漆玻璃是一种极富表现力的装饰玻璃品种，可以通过喷涂、滚涂、丝网印刷或者淋涂等方式来体现。烤漆玻璃作为具有时尚感的一款材料，最适合表现简约风格和现代风格，而根据需求定制图案后也可用于混搭风格和古典风格。烤漆玻璃的运用十分广泛，可用于制作玻璃台面、玻璃形象墙、玻璃背景墙、衣柜柜门等。烤漆玻璃的价位为 60 ~ 300 元 / 米^2，经钢化处理的烤漆玻璃要比普通烤漆玻璃贵。

◎优点：环保、安全，耐脏耐油、易擦洗。

◎缺点：若涂料附着性较差，则遇潮易脱漆。

※ 烤漆玻璃的选购要点

正面看色彩鲜艳纯正均匀，亮度佳、无明显色斑。背面漆膜十分光滑，没有或者很少有颗粒突起的现象，没有漆面“流泪”的痕迹。

※ 烤漆玻璃的保养要点

避免用过湿的抹布擦拭，避免撞击；可用洗涤剂：水 =1 ： 10 的洁净棉布擦拭。

2. 钢化玻璃

钢化玻璃是一种预应力玻璃，为提高玻璃的强度，使用化学或物理的方法，让玻璃表面具有预应力。钢化玻璃常用于现代风格、后现代风格及混搭风格的家居设计中。同时，多用于家居中需要大面积使用玻璃的场所，如玻璃墙、玻璃门、楼梯扶手等。钢化玻璃的价格一般不低于 130 元 / 米^2。

◎优点：安全性能好，有均匀的预应力，破碎后呈网状裂纹，各个碎块不会产生尖角，不会伤人。其抗弯曲强度、耐冲击强度是普通平板玻璃的 3 ~ 5 倍。

◎缺点：不能进行再切割和加工，温差变化大时有自爆（自己破裂）的可能性。

※ 钢化玻璃的选购要点

戴上偏光太阳眼镜观看玻璃应该呈现出彩色条纹斑。用手使劲摸钢化玻璃表面，会有凹凸的感觉。需测量好尺寸再购买。

※ 钢化玻璃的保养要点

不要用尖锐的物品、硬物去敲击钢化玻璃的边角。不要在钢化玻璃桌面长期放置重物，避免桌面冷热不均匀。避免其接触到氢氧化钠等碱性物质和氢氟酸。

3. 镜面玻璃

镜面玻璃又称“磨光玻璃”，是用平板玻璃经过抛光后制成的。镜面玻璃最适于现代风格的空间，不同颜色的镜片能够体现出不同的韵味，营造或温馨、或时尚、或个性的氛围。另外，镜面玻璃常用于家居中客厅、餐厅、书房等空间的局部装饰。镜面玻璃的价格大致为 280 元 / 米^2。

◎优点：为提高装饰效果，在镜面玻璃镀镜之前可对原片玻璃进行彩绘、磨刻、喷砂、化学蚀刻等加工，形成具有各种花纹图案或精美字画的镜面玻璃。

◎缺点：相较于其他品种的玻璃在价格上较为昂贵。

※ 镜面玻璃的选购要点

表面应平整、光滑且有光泽。镜面玻璃的透光率大于 84%，厚度为 4 ~ 6 毫米。

※ 镜面玻璃的保养要点

可用报纸擦拭，不要用湿布擦拭。可用肥皂液、洗涤灵、化妆水、喷雾式的玻璃清洁剂、煤油等擦拭。

4. 艺术玻璃

艺术玻璃是以玻璃为载体，加上一些工艺美术手法形成的一种装饰材料，常见的有雕刻玻璃、夹层玻璃、压花玻璃等。艺术玻璃的运用广泛，可以用于家居中的客厅、餐厅、卧室、书房等空间；从运用部位来讲，则可用于屏风、门扇、窗扇、隔墙、隔断或者墙面的局部装饰。艺术玻璃根据工艺难度不同，价格比较悬殊。一般来说，100 元 / 米 ² 的艺术玻璃多属于 5 毫米厚批量生产的划片玻璃，不能钢化，图案简单重复，不适宜作为主要点缀对象；主流的艺术玻璃价位为 400 ~ 1000 元 / 米 ²。

◎优点：款式多样，具有其他材料没有的多变性。

◎缺点：如需定制，则耗时较长，一般需 10 ~ 15 天。

※ 艺术玻璃的选购要点

最好选择钢化的艺术玻璃，或者选购加厚的艺术玻璃。到厂家挑选，找出类似的图案样品作为参考。

※ 艺术玻璃的保养要点

用软布干擦或清水擦拭即可；若是内置式光源设计，清洁时要注意管线等的状况，避免摩擦或移动。

装修省钱关键点
The key point

Point 55
玻璃隔断要注重安全性能

选用玻璃作隔断时，只考虑通透性，不考虑安全性，这样做的后果可能导致因玻璃破损而造成不可避免的损失。如果大面积地使用玻璃作隔断，在选购时一定要注意其安全性，尽量选择如钢化玻璃、夹层玻璃等安全性较高的材料，虽然在价格上相对贵一些，但与使用的安全性相比，费用就是次要问题了。

九、室内门：日常生活空间的入口

1. 实木门

实木门是指制作木门的材料为天然原木或者实木集成材料，经加工后制成的成品门。实木门可以为家居环境带来典雅、高档的氛围，因此十分适合欧式古典风格和中式古典风格的家居设计。同时，常用于客厅、卧室、书房等家居中的主要空间。实木门的价格一般不低于 2500 元 / 樘，比较适合高档装修的家居。

◎优点：不变形、耐腐蚀、隔热保温、无裂纹。此外，实木具有调温调湿的性能，吸音性好，从而有很好的吸音、隔音作用。

◎缺点：因所选用的材料多是名贵木材，故价格上略贵一些。

※ 实木门的选购要点

漆膜要丰满、平整，无橘皮现象，无突起的细小颗粒；真正的实木门表面花纹不规则；轻敲门面时声音均匀沉闷，说明该门质量较好。

※ 实木门的保养要点

平时要注意通风、防潮。擦拭表面污渍时应选用清水或中性的化学护理液。

2. 实木复合门

实木复合门的门芯多以松木、杉木或进口填充材料等黏合而成，外贴密度板和实木木皮，经高温热压后制成，并用实木线条封边。实木复合门的造型、色彩多样，可用于任何家居风格。另外，较适合用于客厅、餐厅、卧室、书房等家居空间。实木复合门比实木门的价格略低，一般不低于 1800 元 / 樘

◎优点：实木复合门充分利用了各种材质的优良特性，避免采用成本较高的珍贵木材，有效地降低了生产成本。其除了具有良好的视觉效果外，还具有隔音、隔热、强度高、耐久性好等特点。

◎缺点：实木复合门由于表面贴有密度板等材料，因此怕水且容易破损。

※ 实木复合门的选购要点

查看门扇内的填充物是否饱满；查看门边刨修的木条与内框连接是否牢固；装饰面板与框黏结应牢固，无翘边、裂缝等。

※ 实木复合门的保养要点

不要在门扇上悬挂过重的物品；清除表面污迹时，可哈气湿润后，用软布擦拭。

3. 模压门

模压门采用人造林的木材，经去皮、切片、筛选、研磨成干纤维，以酚醛胶作为黏合剂，并拌入石蜡在高温高压下一次模压成型。模压门比较适合现代风格和简约风格的家居。同时，模压门广泛用于家居中的客厅、餐厅、书房、卧室等空间。一般模压门连门套在内的价格为 750 ~ 800 元 / 樘，非常受中等收入家庭的青睐。

◎优点：价格低，却具有防潮、膨胀系数小、抗变形的特性，使用一段时间后，不会出现表面龟裂和氧化变色等现象。

◎缺点：隔音效果相对实木门差；门身轻，没有手感，档次低。

※ 模压门的选购要点

贴面板与框体的连接应牢固，无翘边、无裂缝；贴面板厚度不得低于 3 毫米。板面应平整、洁净，无节疤、虫眼、裂纹及腐斑，木纹清晰。

※ 模压门的保养要点

应尽量远离高温；日常清洗时用质地细软的绒毛布擦拭。

4. 玻璃推拉门

玻璃推拉门在现代风格的空间中较常见。另外，市面上的玻璃推拉门框架有铝合金及木制的，可根据室内风格搭配选择。玻璃推拉门常用于阳台、厨房、卫浴间、壁橱等家居空间中。玻璃推拉门的价格一般不低于 200 元 / 米^2，材料越好、越复杂的越贵。

◎优点：可以起到分隔空间、遮挡视线、适当隔音、增加私密性、增加空间使用灵活性等作用。

◎缺点：通风性及密封性相对较弱。

※ 玻璃推拉门的选购要点

检查密封性；具备超大承重能力的底轮能保证良好的滑动效果和超常的使用寿命。

※ 玻璃推拉门的保养要点

日常清洁时用干的纯棉抹布擦拭即可；若用水清洁，则应该尽量拧干抹布，以免在门表面产生水渍，影响美观。

十、厨房用具：家居收纳或烹饪食材的小帮手

1. 整体橱柜

整体橱柜是指由橱柜、电器、燃气具、厨房功能用具四位一体组成的橱柜组合。整体橱柜的种类多样可以根据家装风格任意选择，其中实木橱柜较适合欧式及乡村风格的居室，烤漆橱柜较适合现代风格及简约风格的居室。整体橱柜多用于厨房，用来对厨房用品进行收纳。整体橱柜以组计价，依产品的不同，价格上也有很大差异，少则数千元，多则数万元、数十万元。

◎优点：收纳功能强大、方便拿取物品。

◎缺点：转角处容易设计不当，需多加注意。

※ 整体橱柜的选购要点

尺寸要精确，最好选择大型专业化企业生产的橱柜。做工要精细，检查封边是否细腻、光滑，封线是否平直光滑等。孔位要精准，孔位的配合和精度会影响橱柜箱体的结构牢固性。外形要美观，缝隙要均匀。滑轨要顺畅，检查是否有左右松动的现象，以及抽屉缝隙是否均匀。

※ 整体橱柜的保养要点

◎**柜体保养：**避免室外阳光的长时间暴晒；避免硬物划伤；避免用酒精、汽油等化学溶剂除污渍；可用温茶水将污渍轻轻去除。

◎**台面保养：**避免将温度过高的用具放在台面上；应尽量保持干燥，避免长期浸水；严防烈性化学品接触台面；可用大量肥皂水清洗，再用清水冲洗。

2. 灶具

灶具为厨房中的基础设备，用来完成家中的烹饪。其常见的台面材质有玻璃台面、不锈钢台面和陶瓷台面，可以根据厨房中的需求加以选择。灶具的价格一般为 1000 ~ 4000 元。

◎优点：玻璃台面的色彩亮丽、易清洁；不锈钢台面不易磨损、耐刷洗、不易变形；陶瓷台面易清洁、质感独特、易与大理石台面搭配。

◎缺点：玻璃台面要避免敲打，避免爆裂；不锈钢台面的表面容易留下刮痕，且颜色单一；陶瓷台面脆性大、耐冲击能力低、易碎。

※ 灶具的选购要点

产品外包装应结实，说明书与合格证等附件要齐全。外观美观大方，机体各处无碰撞的现象。整

体结构稳定可靠，灶面光滑平整，零部件安装牢固可靠。开关旋钮、喷嘴及点火装置的安装位置必须准确无误。

※ 灶具的保养要点

不定期检查炉火是否燃烧完全；每天饭后固定清洗台面，使用抹布蘸上中性清洁剂擦拭即可。

3. 抽油烟机

抽油烟机为厨房中的基础设施，起到排除厨房油烟的作用。抽油烟机的价格依种类不同而有差异，一般为 500 ~ 6000 元 / 台，其中中式抽油烟机的价格较便宜，也更适合经常煎、炒、烹、炸的中国家庭。

◎优点：可以将炉灶燃烧的废物和烹饪过程中产生的对人体有害的油烟迅速抽走，排出室外，减少室内污染，净化空气，并有防毒和防爆的安全保障作用。

◎缺点：若抽油烟机的设计不良，则有火灾隐患。

※ 抽油烟机的选购要点

噪声方面不超过 65 ~ 68 分贝；考察抽排效率，保持高于 80 帕的风压；应尽可能选购金属涡轮扇页的抽油烟机。

※ 抽油烟机的保养要点

使用前可在储油盒里撒上一层肥皂粉，再注入约三分之一的清水，这样便于储油盒的清洗；抽油烟机扇叶可用油烟净或洗洁精 + 食醋混合液清洗，也可采用高压蒸汽法清洗油槽。

十一、卫浴间洁具：营造舒适、干净的洗浴空间

1. 洗面盆

洗面盆为卫浴间中的基础设备，用于居住者的日常梳洗。洗面盆的种类和造型多样，可以根据室内风格来选择；其中不锈钢和玻璃材质的洗面盆较为适合现代风格的家居。洗面盆价格相差悬殊，档次分明，从一两百元到过万元的都有。影响洗面盆价格的主要因素有品牌、材质与造型。普通的陶瓷的洗面盆价格较低，而用不锈钢、钢化玻璃等材料制作的洗面盆价格比较高。

◎优点：兼具实用性与装饰性。

◎缺点：石材洗面盆较容易藏污，且不易清洗。

※ 洗面盆的选购要点

注意支撑是否稳定，内部安装的螺丝钉、橡胶垫等配件是否齐全；应根据自家卫浴间面积的实际

情况来选择洗面盆的规格和款式；洗面盆要与坐便器和浴缸等大件保持同样的风格。

※ 洗面盆的保养要点

使用时不要重压或倚靠在上面；当洗面盆出现小裂纹时，要马上更换，避免发生危险。

2. 抽水马桶

抽水马桶为卫浴间的基础设备，可以将日常产生的污物冲洗干净。抽水马桶的价位跨度非常大，从百元到数万元不等，主要由设计、品牌和做工精细度决定，可以根据家居装修的档次来选择。

◎优点：所有洁具中使用频率最高的一个，其冲净力强，若增加了纳米材质，表面还可以防污。

◎缺点：若损坏，需打掉卫浴间地面、壁面重新装设。

※ 抽水马桶的选购要点

马桶越重越好，可双手拿起水箱盖，掂其重量；马桶底部的排污孔最好为一个，排污孔越多越影响冲力；马桶釉面应该光洁、顺滑、无起泡，色泽饱和；在马桶水箱内滴入蓝墨水检验有无漏水现象。

※ 抽水马桶的保养要点

用尼龙刷和专用清洁剂清洗马桶，严禁使用钢刷和强有机溶液；马桶圈用稀释的家用消毒液擦拭；不能将洁厕剂倒入水箱中作为洁厕宝使用。

3. 浴缸

浴缸用于家居的卫浴间之中，为业主泡澡之用。浴缸的种类繁多，可以根据家居风格来选择。浴缸的价格依材质不同而有所差异，一般为 1500 ~ 4000 元 / 个，而按摩浴缸的价格则可达到上万元。

◎优点：缓解疲劳，让生活变得更有乐趣。

◎缺点：不适合面积较小的卫浴间。

※ 浴缸的选购要点

浴缸的大小要根据浴室的尺寸来确定。单面有裙边的浴缸，购买的时候要注意下水口、墙面的位置；如果浴缸之上加淋浴喷头，就要选择稍宽一点的浴缸；浴缸的选择还应考虑到人体的舒适度。

※ 浴缸的保养要点

清洁时要采用中性的清洁剂；亚克力材质的浴缸在擦拭时用软布去除污垢即可，不可用百洁布；实木浴缸应注意通风、防晒；按摩浴缸可用液体洗涤剂和软布清洗，不可用含酮或氯成分的洗涤剂。

十二、灯具：点亮各空间的主角

根据空间的特点不同，选择灯具的侧重点也不同。例如，客厅和餐厅可以选择装饰性较强的灯具，厨房和卫浴间则应选择易擦洗的灯具，玄关和过道不宜选择大型灯具等。灯具以“盏”或“组”计价，材质和造型不同的灯具，价格差异较大。

◎优点：不同造型、色彩、材质的灯具，可以为居室营造出不同的光影效果。依靠灯具的造型及位置的高低，可以轻易地改变室内的氛围。

※ 灯具的选购要点

选择带有 3C 认证的产品。注意电力的最高负荷量及适用何种灯泡。灯的塑料壳必须为阻燃型工程塑料；表面应比较光滑、有光泽。

※ 灯具的保养要点

大型的吊灯式水晶灯可请厂商提供的专业售后服务人员清理；其他小型的水晶灯清理时，可用白手套轻轻擦拭，或喷洒清洁剂后以抹布擦干；玻璃灯罩或塑料灯罩可以直接拆卸，以水清洗；表面如果是金属电镀材质，建议涂一层凡士林，以防氧化。

十三、开关插座：美观实用的家居小装饰

开关和插座为家居中的基础材料，在居室空间中运用较为频繁，因为每个空间都免不了连通电路。开关和插座的价格通常为 5 ～ 50 元 / 个。

◎优点：开关和插座是用来接通和断开电路中电流的电子元件，有时为了美观还具有装饰的功能。

※ 开关插座的选购要点

面板要求无气泡、无划痕、无污迹；拨动开关时手感轻巧而不紧涩，插座的插孔需装有保护门；铜片是开关插座最重要的部分，应具有相当的重量。

※ 开关插座的保养要点

开关插座可在周围加上一些装饰来保护；带开关的插座使用时应注意顺序，减少不必要的开关次数。

十四、布艺织物：营造家居舒适环境的软装饰

1. 地毯

地毯的防潮性较差（塑料地毯除外），清洁较难，所以卫浴间、厨房、餐厅不宜铺地毯。地毯的

价格根据材质、花型、工艺的不同而有所差异，价格一般为 300 ~ 500 元 / 米^2；但也不乏上千元的，可根据装修档次进行选择。

◎优点：隔热、防潮，具有较高的舒适感，同时兼具观赏的效果。

◎缺点：清理起来相对费时、费力。

※ 地毯的选购要点

用燃烧法鉴别地毯的种类。触摸地毯，毯面密度丰满；摩擦数次，看手或拭布上有没有沾颜色；毯面平整、毯边平直，无瑕疵、油污斑点、色差。

※ 地毯的保养要点

平时可采用吸尘器吸尘除灰。对饮料所造成的污渍，蘸干后用醋轻轻拍拭；祛除异味可在 4 升温水中加入 4 杯醋浸湿毛巾，拧干后擦拭地毯。

2. 窗帘

不同款式的窗帘适合的家居空间也有所差别，如罗马帘适合欧式家居，落地帘可以根据布料的花纹来搭配空间风格等。窗帘的价格根据种类的不同而有所差别，落地帘的价格为 50~500 元 / 米^2；印花卷帘的价格为 20~45 元 / 米^2；百叶帘的价格为 45~75 元 / 米^2；风琴窗帘的价格为 50~1200 元 / 米^2。

◎优点：调控光线、防尘隔音，同时还能美化居室。

◎缺点：纯棉、纯麻材质的窗帘容易褪色。

※ 窗帘的选购要点

手感柔软平整，布匹纹理规整细密。窗帘辅料有窗樱、窗帘圈、挂环等，购买时只买必需的辅料配件即可。选择窗纱，颜色最好与窗帘色彩接近。

※ 窗帘的保养要点

纯棉等天然织物制成的窗帘，将灰尘掸去即可；遇脏污，用湿布擦拭，尺寸不大的窗帘，可浸泡后自行手洗，百叶帘、罗马帘或风琴帘可用湿布或蘸湿的海绵擦拭，材质可受热的窗帘可用直立式蒸汽熨斗轻轻带过。

省钱原则：画龙点睛巧施工

家居装修，业主最关心的就是家装质量能否得到保证。现场施工工地能够直接反映家装质量的优劣，尤其是涉及家装质量的细节问题都能在工地中一一表现出来。了解家装施工工艺常识，仔细查看这些环节，不但能检验工人的施工质量，还能及时发现家装过程中出现的问题，防患于未然。

家装施工流程需了解

一、施工阶段的流程

土建阶段→基层处理阶段→细部处理阶段

1. 土建阶段

包括拆除墙体、改换门窗框、安放洗浴设施、架设隔断、改造水暖管线及便池、凿墙铺设暗线管道、铺地砖、贴墙砖等项目。

2. 基层处理阶段

包括做门、门窗套、窗帘盒、暖气罩、踢脚线、家具等木工活，墙体刮腻子、找平，以及做一些造型的基础工作。

3. 细部处理阶段

包括刷漆和涂料，以及安装门把手、开关、插座等其他收尾工作。墙面及顶面项目如果不平，则需再次打磨、涂刷，硝基油漆要反复刷七八遍才算合格。

装修省钱关键点 The key point

Point 56 边装修，边及时验收

在施工阶段就要对一些隐蔽工程进行验收。以做门为例，一般以密度板或细木工板做基层用材，上面再贴饰面板；这就需要在做基层时就验收，否则贴上饰面板后，里面是什么样的就看不出来了。要是蒙混过关了，则装修质量无法保证。

二、施工工种及上场顺序

1. 了解施工工种

施工工种	主要工作
瓦工	顶面抹灰以及内墙、地面抹灰，铺贴瓷砖，墙体拆除
电工	电线的改线、接线，电工要根据房间的设计及家电的位置、型号和负荷来铺设电线，合理设计开关、插座
木工	制作家具、木制造型吊顶，以及门窗套、窗帘盒、暖气罩、踢脚线、木护墙、木隔断等细木工活，有时木地板的铺设也由木工完成
水暖工	上下水暖管道的改线
油漆工	墙面、地面、顶面及家具、门窗的粉刷

2. 了解装修工种的上场次序

水电工→瓦工（负责敲墙砌墙，是小工）→瓦工（负责贴砖，是大工）→木工→油漆工→水电工

◎备注：实际上这些工种的工作间存在着交叉，因此在实际装修过程中需要注意协调，但是大致应该遵守这样的次序。

不同季节施工，花费也会不一样

一、春季装修施工

1. 春季装修的优势和劣势

春季装修		
优势	◎春季木材不易受潮变形，方便保存和使用 ◎空气流通性好，利于室内水分的散发，可缩短工期 ◎利于室内有害物质的挥发及空气净化 ◎装修公司折扣较大，装修工人状态较好	
劣势	北方	◎空气过分干燥，很多施工材料是易燃品，存在安全隐患 ◎春季风沙较大，室内灰尘较多，对装修有一定的影响
	南方	◎易出现阴雨天，梅雨季节的潮湿程度也很高，对装修不利

2. 化解北方春季装修劣势的方法

※ 停暖前后注意施工工艺的变化

北方的春季装修正赶上供暖和停暖的交替期，在 3 月中旬之前，室内依然供暖，温度较高；停暖之后室内温度与户外温度接近，前后温度变化很大。

◎建议：忽高忽低的温度对部分装修工程的影响不可忽视。如刷漆、刮腻子、刷墙漆、做油漆、铺砖、做水泥地面、抹水泥砂浆等，在采暖期和停暖期采取不同的施工工艺才能确保工程质量。

※ 风沙大，通风幅度有讲究

北方春季的风天较多，有时还会伴有扬沙，因此应适度通风。特别是在墙面、瓷砖等工程之后，如通风不适宜则会导致水分挥发过快，墙面、吊顶容易开裂，瓷砖容易脱落，灰沙进入造成污染。

◎建议：可在中午前后通风 3~4 个小时，并只将窗户半开一个小缝。

※ 干燥、风大时特别要注意防火

北方春季空气干燥、风大，加上装修中用到的油漆、涂料等部分材料具有易燃性，因此应特别注意防火。

◎建议：选用防火等级高的建材，其次应注意材料堆放的位置和施工防火。

3. 化解南方春季装修劣势的方法

※ 潮湿天气装修选材需谨慎

南方春季装修选材的要点	
木料	要到大批发商处选购木料，减少木料因受潮发生变形的机会。购买材料时，可用湿度计对木材进行湿度检验
瓷砖	选购瓷砖时应注意陶质与瓷质的区别。吸水率小、结构细密、敲击声音清脆悦耳的是瓷质砖，而吸水率高、结构孔多、敲击声音沉闷、发浑的则是陶质砖。吸水率小的瓷质砖在春季昼夜温差变化的情况下不容易出现裂纹
地板	地板需要选择防水性能好的，以免铺贴后产生翘起现象
壁纸	壁纸在选购时，重视检查产品质量，同时也需要做好防水测试
涂料	选购涂料，不仅需关注其防水性，同时还应关注其弹性。宜选择弹性较好的产品，以免风吹过后角线易风干、断裂
备注：南方春季装修，最重要的是防潮。如果防潮工作没做好，到了秋天秋风一吹，木料变形、地板起翘、墙面开裂等问题就容易发生。这就需要特别把好选材关	

※ 潮湿天气施工防潮的措施

南方春季装修施工防潮措施	
木工采取防潮措施	潮湿天气对木工工作影响较大。在阴雨天做木工活，可用三道措施进行有效防潮：第一道措施是在家具表面涂刷防潮油；第二道措施是在墙面（与家具贴合部分）涂刷防潮油；第三道措施是在制作完成的木制品上贴一层保护膜
油漆采取喷涂	对于木制品，切记不要在下雨天刷漆。木制品表面在潮湿天气中会凝聚一层水分，不易干燥。这时如果刷漆，水分就会包裹在漆膜里，使木制品表面浑浊不清，造成油漆流坠、色泽不均匀，出现泛白的现象。宜采取喷涂的方式施工
合理分配工序	虽然潮湿天气里木工、油漆这两道工序都容易受影响，但其他工序（如水电、泥工等）的影响不大。可在 3 月份先做泥工、水电，4 月份天气转暖再刮腻子、涂墙漆、做木工。油漆工序基本是处在装修的收尾阶段，只要避开阴雨天施工即可

二、夏季装修施工

1. 夏季装修的优势和劣势

	夏季装修
优势	◎淡季装修价格实惠：恶劣的天气无疑让“夏装”成为装饰公司和工人们的传统淡季，装饰公司往往会在价格上让利 ◎夏季白天长，施工时间充裕：装修工人的工作时间也可相对延长，所以对加快工程进度、缩短工期很有帮助 ◎材料的环保性能更易识别：湿热天气，甲醛会成倍释放，用鼻子就能轻易判别材料的环保性能 ◎空气流通快，有利于环保：夏季通风良好，房间里的空气能被迅速带走，所以家装工程中少量的不利于人体的气体易挥发
劣势	◎工人施工环境较差：夏季气温较高，人容易中暑，同时由于温度高，装修材料中的有害物质释放快，空气较差，影响装修工人的工作环境 ◎水分蒸发快材料易变形：夏季高温潮湿，装修材料在夏季含水率比较高，到了干燥的季节容易出现干裂的现象 ◎湿度高，油漆不易干燥：墙面腻子、顶棚墙面涂料、木器油漆等油工活，在高湿天气中长时间也不干燥，会对后续工程产生不利的影响 ◎容易出现冷凝水问题：夏季当湿热的水蒸气遇到室内阴凉的管道便易液化形成冷凝水，甚至形成不断滴落的水滴，这会给装修带来一定的麻烦

2. 化解夏季装修劣势的方法

※ 购买含水率低的材料

夏季购买装修材料，可适当选择含水率低、较干燥的材料，进场后放置一两天，使其湿度与周围相同，这样可以尽量避免材料变形。

※ 水电线管、胶布抗高温能力强

夏季装修对水电材料的安全性的要求也更高。所使用的线管、胶布等材料都要能抗持久高温。线管可以采用热镀锌铁管，具有一定的强度和硬度。电路接头长时间高温易使绝缘胶布脱落，可以采用连接器取代黑胶布，以避免接头处胶布脱落的现象。

※ 木制品注意防潮、防变形

夏季空气湿度大时，容易出现一些木制品变形的问题。现场打制家具的要注意应将所需要的板材、木料放到阳光直射不到但通风良好的地方，因为夏季温度高，湿度变化大，阳光的暴晒会使木制品的油漆和胶老化加速。此外，储存时还需要采取防潮、防变形的措施。

※ **瓦工需保证瓷砖充分吸水**

夏季温度较高，水分蒸发过快，瓷砖很容易开裂、变形甚至脱落。为了保证瓷砖充分吸水，最好提前浸泡，吸足水分后再捞出，待表面晾干后，还要进行二次浸水，边捞边用。贴完瓷砖的地面，最好覆盖一层纸板，用水浇透，然后通风，让它自然晾干。对于贴好瓷砖的墙面，如果碰到气温高又长时间不下雨的情况，还要定期喷水，让瓷砖干得慢一点。

※ **乳胶漆施工注意“三防”**

问　题	原　因	解决方法
防止漆膜粗糙起皱	热天涂刷涂料，很容易导致漆膜表层的干燥速度比底层快很多，未固化的涂膜暴露在过度潮湿的环境中容易沾上灰尘或油状物	刮除或打磨基材表面，除去起皱的涂层，重新涂刷
防止漆面发霉变味	夏季潮湿，如果不能良好通风，漆膜容易因潮湿、高温发霉变味	打三至四遍腻子后方可刷涂料；腻子干燥时间尽量延长，做好通风工作；刮腻子前刷界面剂
防止漆面泛黄	夏季阳光照射强烈的乳胶漆墙面容易出现泛黄的现象	选用抗老化、耐晒的优质乳胶漆

三、秋季装修施工

1. 秋季装修的优势和劣势

秋季装修	
优势	◎秋高气爽，天气凉快让装修工人在封闭、烦琐的家装工作中可以保持好心情，有利于提高工程质量和速度 ◎气候干燥，木质板材不易返潮，涂料、油漆容易干
劣势	◎装修材料大多属易燃品，干燥的天气下，若通风不良，油漆挥发出的气体不易排出，集聚于室内，很容易酿成火灾事故 ◎气候干燥，地板、壁纸、墙面等容易开裂

2. 化解秋季装修劣势的方法

※ 木质材料的存放要点

秋季适合装修的一个很大原因是因为木质板材不易返潮。但是由于一些地方秋季的气候非常干燥，这样会给木材的保存、使用带来很大的问题，容易使木材出现干裂的现象。

要　点	内　容
避免放置在通风口	秋季装修的木料购买后，要避免放置在通风口，否则易导致木材内的水分流失，使木材表面干裂，出现裂纹
避免阳光直射	木料要注意避免被阳光直射。此外，北方秋冬供暖后，木料更不要贴近暖气片放置
及时进行封油处理	为防止木材干裂，应该将运抵现场的木材先用干毛巾擦去浮灰，再连续涂刷两遍清漆进行封油处理，防止木料表面出现裂纹
装饰板避免竖着放	所有装饰面板都应该放平，在装饰面板的最下面垫一张细木工板，上面再压一张细木工板，装饰面板不要竖着放，以免面板开裂、起翘

※ 油漆等材料的存放要点

油漆涂料都容易挥发，其储存容器的密封性一定要好。尽量分开存放在不同的房间里，或者同一房间的不同角落。避免阳光直射，尽量放在房子的阴面，避免遇明火。

※ 施工注意电路安全与防火

注意在室内施工时的用电安全，不能乱拉乱接电线，或电源线上无保护管。现场禁止吸烟，不能动用明火。施工现场应天天打扫，清除木屑、漆垢等可燃物，防止火灾发生。

※ 壁纸需补水，自然阴干

由于秋季相对干燥，所以壁纸、墙布在铺贴前一定要先放在水中浸透“补水”，然后再刷胶铺贴；铺好后，不能像夏季一样大开门窗让墙面迅速干透，这样做极易使刚铺贴好的壁纸失水变形。所以，在秋季，贴好壁纸、墙布的墙面要自然阴干。

四、冬季装修施工

1. 冬季装修的优势和劣势

优势	◎木材不易变形，冬季木材的含水率最低，干燥程度较好。木材潜在的干裂、变形等问题容易暴露，可及时修复 ◎油漆干燥快。冬季空气比较干燥，油漆也干得快，从而有效地减少了漆面对空气中尘土、微粒的吸附，此时刷出的油漆效果最佳
劣势	◎气温低，气候寒冷，不利于装修工人施工 ◎容易因春节假期而延误工期 ◎冬季瓷砖的施工容易出现粘贴不牢的情况 ◎北方冬季风沙较大，容易影响油漆效果

2. 化解冬季装修劣势的方法

※ 材料保存注意防冻、防开裂

冬季气候寒冷，对装修材料的保存要讲究方法，防止因受冻而开裂。例如水性涂料、胶类应该存放在温度较高的房间，不要将其放在阳台，或是朝北的房间，以防止被冻坏；装饰面板不要放在通风口或是暖气旁，以避免干燥速度过快。

※ 解决漆面效果不佳的问题

漆面效果不佳的解决方案：若遇上大风降温天气，不宜进行油工作业，因为冬季风沙较大，涂料和油漆未干时容易附着尘土，应注意选择无风的天气进行涂刷，保证涂料施涂的环境温度不低于 5 摄氏度，清漆施涂时的环境温度则不低于 8 摄氏度，应严格按照产品说明中的温度施涂。为防止沙粒落在油漆表面上，要紧闭门窗。

※ 解决留缝不当的问题

冬季装修时，门、窗的缝不宜太小，以免夏天热胀后发紧，关不严。铺实木地板时，四周要留出毫米左右的伸缩缝，做家具时，也需留出 0.1 毫米左右的接口缝。地板与墙的接缝处用地板压条形成过渡，能较好地处理墙与地板缝隙过大的弊端。

※ 解决瓷砖脱落的问题

冬季地砖、瓷砖在铺装之前要经过泡水处理，一定要使其含水量达到饱和状态。只有这样，黏接时才不会由于其吸浆水导致与水泥黏接不牢固，出现空鼓、脱落的现象。另外，无论是墙砖还是地砖，需从室外搬到室内过渡 24 小时以上，适应了室内温度后才能铺贴，以免施工后出现空鼓、脱落的现象，砖铺贴之后应及时勾缝。

※ 注意通风

相比其他几个季节，冬季装修后，材料中所含的甲醛等有害物质不易挥发出来，如果有害气体大量存在于室内，入住后随着空调、取暖器的使用，在室内温度升高的时候，甲醛就会释放出来。因此应保持室内经常通风，以充分释放甲醛。

学会辨别施工的失误

一、水电改造的常见错误

1. 水管、电线重价格不重质量

水电改造做好之后，如果水管、电线出现问题，需要开墙修复，非常麻烦，而且水管、电线质量出现问题很容易导致安全事故的发生。为节省预算，大部分业主选购水管、电线的时候往往不太关注质量，而只看重价格。这是一个重大的错误。如果水管、电线质量不达标，装修后将会带来很大的安全隐患。

◎正确做法：其他装修材料可以稍微选低档一点的，但购买电线和水管时，可不能降低标准，而应尽量购买质量好的产品，以保证安全。

2. 电源插头少

在水电装修的时候，大部分业主认为少装一个插头不影响使用，又能省一些电线，于是尽量缩减安装电源插头的数量。需知，一般家用电器都会越来越多，一旦有了新电器却没有插座可用时，要想再安装就难了。其次，电器设备使用电源插头时，需尽量避开几件设备同时使用一个插头的情况，插头一少，几件设备一起用时，易引发事故。

◎正确做法：根据住房面积，按照专业电工的设计，再结合家庭实际使用的电器数量，合理设置电源插头，并预留一些待用插头，以利扩容。

3. 水管连接不规范

水管走向没规律、水管管线连接弯曲、水管全部走地下，这是水管施工的常见错误。业主以为，水管连接不需要太过讲究，但随意连接水管会增加水管漏水的几率，对日后的维修更加不利。

◎正确做法：首先，水管的连接不能随意，必须按照施工规范来做，水管的走向必须有一定的规律，其走向一般与墙体平行，尽量避免水管与墙体成一定夹角；此外，水管应该避开电线管，以免发生漏水时触到电路，引起危险；铺设管时，水管之间必须用接头相连，一般弯头都呈 90 度；管路除了可以走地面以外，还可以将其放在吊顶内，方便日后维修。

4. 电路连接不规范

电路的安全非常关键，电路施工必须保证万无一失。而在电路改造中，强弱电共管、重复布线、电线不加套管直埋，以及插座导线随意安装，是常见的四大错误。这些错误不仅容易导致电路出现使用故障，还会造成触电和火灾事故。

◎正确做法：强弱电应该分开走线，严禁强弱电共用一管和一个底盒，强电线路平行间距不能低于 3 厘米，最好是 50 厘米；线路应该做成"活线"，在不超过管线容量 40% 的情况下，将同一走向的电线放在一根管内；电线外必须有绝缘套管保护，接头不能裸露在外；布线遵循"火线进开关，零线进灯头"的原则，插座需设漏电保护装置。

5. 布线、铺管不留图纸

住房的装修是一个不断完善的过程，有时过了几年说不定还要重新进行装修，这时就必须要有前一次装修的电线和水管铺设的布置图。否则，像后期安装空调，要打空调孔的时候，如果没有布线图，很可能会伤到电线和水管。

◎正确做法：水电改造完成之后，要请水电工画出详细的水电改造图，标明重要节点位置，留作以后参照。

二、瓦工施工的常见错误

1. 轻视防水工程

防水工程是非常重要的家装项目，一般交由瓦工施工。在正式铺砖前，卫浴间、厨房等地的墙面、地面需要做好防水。而认为开发商做的防水层验收合格，家装时没必要再做防水、采用的防水材料质量差、只有部分重点区域做防水等都是常见的错误做法。防水工程没有做好，一旦渗漏，轻则家具、墙壁发霉，重则破坏整体装修，影响邻居的生活。

◎正确做法：要避免潮湿、渗漏的问题，防止出现防水误区，把好质量监督关。

2. 瓷砖未经泡水处理

铺贴瓷砖时，瓷砖与墙面的贴合度要大于瓷砖的重力。因为瓷砖本身有许多小孔，吸水能力强，干燥的瓷砖会吸干水泥的水分，使贴合度降低，铺贴后易出现空鼓和脱落的现象。

◎正确做法：为了保证瓷砖充分吸水，最好提前浸泡，吸足水分后再捞出，待表面晾干后，还要进行二次浸水，边捞边用。

3. 瓷砖铺贴不留缝隙

铺贴瓷砖时，大部分业主都希望达到缝隙小的效果。但瓷砖的热胀冷缩需要铺贴时必须留缝。如果缝隙过小，会导致瓷砖对环境的应变能力变差，由于温度的变化，会使瓷砖被挤破，就减少了瓷砖的正常使用寿命。

◎正确做法：瓷砖铺贴需留缝隙，砖留缝的大小一般来说应该在 1~1.5 毫米，最少不低于 1 毫米；特殊情况下也可以将缝隙加宽，如留缝 5 毫米等。

4. 墙、地砖随便混用

在瓦工施工的过程中，容易犯的一个错误就是墙、地砖随便混用。需知不同瓷砖的理化性能是不一样的，如墙砖的吸水率和地砖的吸水率就不一样，墙砖的高，地砖的低；二者的抗折强度也是不一样的；不同空间部位对瓷砖性能的要求有差别。

◎正确做法：在施工时，最好按照包装说明或者厂家的说法来操作，要考虑瓷砖的性能。一般来说，地砖可以作墙砖，但普通的釉面地砖是不能作墙砖的，外墙砖可以做作墙砖，但内墙砖绝对不能作外墙砖。

三、木工施工的常见错误

1. 木料存放不合理

木料存放的时候，如果不能合理放置，很容易使木料干裂或受潮。将木料放在潮湿或阳光直射的地方、将装饰板竖着摆放等，是常见的木料存放的错误做法。

◎正确做法：木材有时会发生干裂的现象，比较有效的方法是用防水剂进行加压处理，使防水剂深深地进入到木材中，以达到持久性的良好防裂效果。为防止受潮，木料应放在干燥通风的地方。此外，所有装饰面板都应该放平，在装饰面板的最下面垫一张细木工板，上面再压一张细木工板，这样可使板材保持平整。

2. 忽视木材的防火

现在许多家庭装修的时候，大量用到了木制品，重视其装饰性而往往忽视了其防火性。需知木材着火点低，易燃，尤其是干性木材。天干物燥，稍不小心就容易引发火灾，危害人的生命和财产安全。

◎正确做法：其一，木材需经过防火处理，木材防火的处理方法一般有两种，第一种是防火剂浸渍处理，第二种是表面涂覆处理，这种处理可以在施工现场进行，在木材表面涂覆防火剂；其二，木材在切割制作的过程中应注意防火，施工地点需要远离插座及有明火的地方。此外，切割产生的木屑要及时清理，因为木屑极易燃烧。

3. 木工活缝隙过大

木工在做一些活的时候，常常会出现大的缝隙，这都是不合格的，不仅影响美观，而且容易出现拼接不上的问题。

◎正确做法：对于木封口线、角线、腰线饰面板碰口缝等，对于其缝隙都有一定的要求。例如，一般的缝隙都不能超过 0.2 毫米，线与线夹口角缝不能超过 0.3 毫米，饰面板与板碰口不能超过 0.2 毫米，推拉门整面误差不超出 0.3 毫米，如果超过了这些数值，最好让木工返工。

4. 拼花收口不细致

一些木工在做拼花的时候，为了加快速度和效率，而忽视了质量，因此做出的拼花就不严密、准确。此外，木工所做的实木门套线、窗套线、台口线、收口边线与饰面板的收口也很容易出现收口不紧密的情况，影响美观和使用性能。

◎正确做法：木工活需细致，拼花必须要做到相互间无缝隙，并且保持统一的间距；收口必须紧密、牢固、平整，家具门和衣柜内侧面口，以及门的遮暗边，必须用实木扁线收口。

四、油工施工的常见错误

1. 木器漆与乳胶漆同时施工

木器漆产品中含有甲苯二异氰酸酯（TDI），如果木器漆与乳胶漆同时施工，这些处于游离状态的 TDI 会与乳胶漆中的成分发生化学反应，使涂刷乳胶漆的墙面变黄。

◎正确做法：木器漆与乳胶漆岔开施工。建议先刷木器漆再刷乳胶漆，以防止木器漆中的成分污染墙面。

2. 木器漆调配好后不过滤

木器漆调配好后如果没有过滤这一步，空气中的灰尘混入木器漆后会结成小颗粒，直接涂刷，就会造成漆膜表面出现颗粒，不够光滑平整。

◎正确做法：木器漆调配好后，需要利用过滤网斗过滤掉颗粒杂质，最好在静置十多分钟后再进行施工。

3. 忽略基层处理

油工施工前，最重要的一步是将基层处理干净，目的是为了有效地清除污渍，做到表面洁净、光滑使得后续上漆时省工、省料，达到良好的效果。

◎正确做法：上漆前，首先要将基层表面的灰尘等擦扫干净。清洁时可用专用除尘布，大面积清洁的可用吸尘器反复吸尘；同时，用砂纸将表面打磨光滑，注意保护表层，不能将其磨穿。

水电施工：不拆改才能省钱

水电设计非常重要，家装公司必须配备专业的水电设计师。水电设计与装饰设计不同，首先讲求安全、实用，其次才是装饰效果；其原则是能不动就不动，不要轻易改。同时业主还需要注意的是，水电隐蔽工程是基础装修中尤为重要的一项，如果处理不好，后续的维修不仅困难、麻烦，还会浪费资金。因此业主万万不可忽视水电工艺的重要性。

1. 水路工程施工流程

◎水路施工重点监控

开槽：有的承重墙内的钢筋较多较粗，不能把钢筋切断，以免影响房体结构安全，只能开浅槽、走明管，或绕走其他墙面。

调试：通过打压试验，如没有出现问题，水路施工则算完成。

备案：完成水路布线图，备案以便日后维修使用。

2. 电路施工流程

草拟布线图→画线→开槽→埋设暗盒及敷设 PVC 电线管→穿线→安装开关、面板、各种插座、强弱电箱和灯具→完成电路布线图

◎**电路施工重点监控**

预埋：埋设暗盒及敷设 PVC 电线管，线管连接处用直接，弯处直接弯 90 度。

穿线：单股线穿入 PVC 管，用分色线，接线为左零、右火、上地。

检测：检查电路是否通电，如检测弱电，可直接用万用表检测。

装修省钱关键点 The key point

Point 57 电路施工要精确规划平时微弱耗电电器的插座

为了省电，要精确规划平时微弱耗电电器（如电视机、DVD 机、微波炉、空调等）的插座。使用不拔插头都处于待机状态的电器，最好装设有开关的插座面板，因为待机所耗的电在普通电表里读不出来，但分时电表会读出来。

Point 58 装修中的电线要套管

有些业主觉得电线套管既麻烦又浪费金钱，因此能省则省，殊不知若电线不套管所产生的后续问题其实十分烦琐。因为不套管的电线，时间长了线路老化后可能产生漏电现象，如果换线，又必须要拆墙、拆木地板等，会非常麻烦。

墙面施工：认真监工才能不返工

装修时，业主往往会把墙面施工完完全全地交给装修工人去做，主要原因在于大多业主不懂施工操作，觉得自己在旁边也帮不上忙。于是导致家里的墙面漆施工颜色不均匀、不平整或者有补漆的痕迹，这些都是装修师傅在施工过程中不细心所造成的。所以业主对墙面施工要做到心中有数，尽早防范，以免后期产生不必要的开支。

1. 墙面抹灰的施工流程

◎墙面抹灰施工重点监控

抹底灰、中层灰：抹底灰前先刷一道胶黏性水泥砂浆，然后抹 1 ∶ 3 的水泥砂浆，每层厚度控制在 5 ~ 7 毫米。每层抹灰保持一定时间间隔，以免墙面收缩影响抹灰质量。

抹罩面灰：观察底层砂浆的干硬程度，在底灰七八成干时抹罩面灰。另外，抹罩面灰之前应注意检查底层砂浆有无空、裂现象，如有应剔凿返修后再抹罩面灰。

2. 乳胶漆的施工流程

基层处理→修补腻子→满刮腻子→涂刷底漆→涂刷面漆（两遍以上）

◎乳胶漆施工重点监控

基层处理：确保墙面坚实、平整；清理墙面，使水泥墙面尽量无浮土、浮尘。

满刮腻子：刮两遍腻子即可，既能找平，又能罩住底色。

涂刷底漆：底漆涂刷一遍即可，务必均匀。

涂刷面漆：面漆通常要刷两遍，每遍之间应相隔 4 小时以上。

3. 壁纸裱糊的施工流程

基层处理 → 弹线、预拼 → 裁切 → 润纸 → 刷胶 → 裱糊 → 饰面清理

◎壁纸裱糊施工重点监控

基层处理：先在基层刷一层涂料进行封闭。

弹线、预拼：弹线时应从墙面阴角处开始，将窄条纸的裁切边留在阴角处。

裁切：根据裱糊面的尺寸和材料的规格裁出第一段壁纸。

润纸：在刷胶前须将壁纸在水中浸泡，然后在背面刷胶。

裱糊：先垂直面后水平面，然后先细部后大面。

4. 木质饰面板的施工流程

弹线分格 → 拼装骨架 → 打木楔 → 安装木龙骨架 → 铺钉罩面板

◎木质饰面板施工重点监控

拼装骨架：先将木方排放在一起刷防火及防腐涂料，然后分别加工出凹槽榫，在地面拼装成木龙骨架。

打木楔：用冲击钻在墙面上弹线的交叉点位置钻孔，然后打入经过防腐处理的木楔。

安装木龙骨架：检查木龙骨架的平直度，达到要求后即可用钉子将其钉在木楔上。

铺钉罩面板：按照设计图纸要求进行罩面板裁割、刨边。用枪钉将罩面板固定在木龙骨架上。

5. 贴墙砖的施工流程

预排 → 弹线 → 做灰饼、标记 → 泡砖和湿润墙面 → 镶贴 → 勾缝 → 擦洗

◎陶瓷墙砖施工重点监控

预排：要注意同一墙面的横竖排列，不得有一行以上的非整砖。

泡砖和湿润墙面：釉面砖粘贴前应放入清水中浸泡 2 小时以上，取出晾干，用手按砖背无水迹时方可粘贴。

镶贴：铺完整行砖后，要用长靠尺横向校正一次。

6. 石材的施工流程

板块钻孔 → 基体钻斜孔 → 板材安装与固定

◎**石材施工重点监控**

板块钻孔： 用电钻在距板两端 1/4 处、居板厚中心处钻孔，然后将板旋转 90 度，在板的两边分别各打一个直孔。

基体钻斜孔： 板材钻孔后，按基体放线分块位置临时就位，确定对应于板材上、下直孔的基体钻孔位置。用冲击钻在基体上钻出与板材平面呈 45 度角的斜孔。

板材安装与固定： 将 U 形钉一端钩进石材板块的直孔中，随即用小硬木楔楔紧。另一端钩进基体斜孔中，校正板块的平整度、垂直度，符合要求后，也用小硬木楔楔紧，同时用大头硬木楔楔紧板块。随后便可进行分层灌浆。

装修省钱 关键点 The key point

Point 59 原有腻子墙面要铲除重新做

交房时看到墙面都是使用非耐水腻子，它与耐水腻子相比具有很大的局限性，与第三代的生态腻子更不能相比，因此新房装修时要铲除原来的墙皮重新做。如果不重新做，会给后期的施工预留下很多隐患，如墙面发霉、墙面开裂、墙面大面积脱落，或者墙皮直接脱离原来的水泥基层，水泥墙面中的氡气等有害气体直接散发到室内，对人的身心健康造成严重影响等。

Point 60 乳胶漆需要涂两遍以上才算合格

一般乳胶漆需要涂两遍以上才算合格。如果工人在施工时不认真或敷衍了事，常会出现色差，尤其是颜色较深的乳胶漆更会出现这种问题。另外，乳胶漆在使用之前需要加入一定的清水，调配好的乳胶漆要一次用完。同一颜色的涂料也最好一次涂刷完毕。如果施工完毕墙面需要修补，要将整个墙面重新涂刷一遍。

地面施工：节省后期开支很重要

地面是家居六大面中使用频率最多的一个，在其施工中除了选材上要注意耐磨性，以及不同空间使用的地面材料有所差异之外，还应重点了解不同材质的地面材料的施工工艺所应注意的要点有哪些不同。只有掌握了这些基本常识，才能避免在施工中出现纰漏，达到省钱的目的。

1. 防水施工流程

※ 刚性防水的施工流程

基层处理→刷防水剂→抹水泥砂浆→压光养护→做防水试验

◎刚性防水施工重点监控

基层处理：先把排污管口包起来，以防堵塞；原有地面杂物清理干净；施工前在基面上用净水浆扫浆一遍。

刷防水剂：使用防水剂先刷墙面、地面，干透后再刷一遍。第二遍刷完后，在其没有完全干透前，在表面再轻刷一两层薄薄的纯水泥层。

抹水泥砂浆：预留的卫浴间墙面 300 毫米和地面的防水层要一次性施工完成，不能留有施工缝。

※ 柔性防水的施工流程

基层表面→细部处理→配制底胶→涂刷底胶（相当于冷底子油）→细部附加层施工→第一遍涂膜→第二遍涂膜→第三遍涂膜→防水层试水→蓄水试验

◎柔性防水施工重点监控

细部处理：涂刷防水层的基层表面，不得有凸凹不平、松动、空鼓、起砂、开裂等缺陷。

第一遍涂膜：将已配好的聚氨酯涂膜防水材料涂刷在已涂好底胶的基层表面上，不得有漏刷和鼓泡等缺陷，固化 24 小时后，方可进行第二道涂层的施工。

第二遍涂膜：在已固化的涂层上，在与第一道涂层相互垂直的方向均匀涂刷第二道涂层，涂刷量与第一道相同。

第三遍涂膜：固化 24 小时后，再按上述配方和方法涂刷第三道涂层。

防水层试水：进行试水，遇有渗漏，应进行补修，直至不渗漏为止。

2. 地面砖（陶瓷马赛克）的施工流程

基层处理→标筋→铺结合层砂浆→铺贴→拍实→洒水、揭纸→拨缝、灌缝→养护

◎陶瓷地砖施工重点监控

铺贴：铺贴快接近尽头时，应提前量尺预排，提早做调整，避免端头缝隙过大或过小。

拍实：由一端开始，用木槌和拍板依次将地砖拍平拍实，拍至素水泥浆挤满缝隙为止。

洒水、揭纸：洒水至纸面完全浸透，依次把纸面平拉揭掉，并用开刀清除纸毛。

拨缝、灌缝：用排笔蘸浓水泥浆灌缝，或用 1 ∶ 1 水泥拌细砂把缝隙填满。

3. 石材地面的施工流程

准备工作→试拼→弹线→试排→刷水泥浆及铺砂浆结合层→铺大理石板块（或花岗石板块）→灌缝、擦缝→打蜡

◎石材地面施工重点监控

试拼：在正式铺设前要进行试拼，之后按两个方向编号排列，然后按编号将石材码放整齐。

试排：结合施工大样图及房间实际尺寸，把大理石（或花岗石）板块排好，以便检查板块之间的缝隙，核对板块与墙面、柱、洞口等部位的相对位置。

铺大理石（或花岗石）板块：板块应先用水浸湿，待擦干或表面晾干后方可铺设。

灌缝、擦缝：在板块铺砌后 1 ～ 2 昼夜进行灌浆擦缝。养护时间不应少于 7 天。

4. 实木地板的施工流程

※ 实铺法

基层清理→弹线、找平→地面防潮、防水处理→安装固定木格栅、垫木和撑木→钉毛地板→找平、刨平→铺设地板、找平、刨平→安装踢脚线→地板刨光、打磨→油漆、上蜡

※ 空铺法

地垄墙找平→铺防潮层→弹线→找平、安装固定木格栅、垫木和撑木→钉毛地板→地板找平、刨平→铺设地板→弹线、安装踢脚线→地板刨光、打磨→油漆、上蜡

◎**实木地板施工重点监控**

基层清理：实铺法将基层上砂浆、垃圾、尘土等彻底清扫干净；空铺法应将地垄墙内的砖头、砂浆、灰屑等清扫干净。

实铺法安装固定木格栅、垫木：基层锚件为预埋螺栓和镀锌钢丝，其施工有所不同。

空铺法安装固定木格栅、垫木：格栅调平后，在格栅两边钉斜钉子与垫木连接。

钉毛地板：表面同一水平度与平整度达到控制要求后方能铺设地板。

安装踢脚线：墙上预埋的防腐木砖，应突出墙面并与粉刷面平齐。

刨光、打磨：必须机械和手工操作相结合。

油漆、上蜡：地板磨光后应立即上漆，使之与空气隔绝，避免湿气侵袭地板。

5. 强化复合地板的施工流程

基层清理→铺地垫→装地板→安装踢脚线

◎**强化复合地板施工重点监控**

铺地垫：先满铺地垫，或铺一块装一块，接缝处不得叠压。

装地板：铺装可从任意处开始，不限制方向。

顶面施工：避免华而不实

在装修之前，必须做好设计工作，特别是顶面。顶面设计是一项不可缺少的环节，在尺寸、形状、价格等方面，业主都需要多加注意。顶面装修以简单、实用为美，切勿繁杂、华而不实。把节余的钱用在装饰饰品上，更能营造出家的艺术氛围。

1. 轻钢龙骨石膏板吊顶施工流程

弹线→安装大龙骨吊杆→安装大龙骨→安装中龙骨→安装小龙骨→安装罩面板→安装压条→刷防锈漆

◎**轻钢龙骨石膏板吊顶施工重点监控**

安装大龙骨：预先安装好吊挂件。

安装中龙骨：需多根延续接长时，用中龙骨连接件，在吊挂中龙骨的同时相连，调直固定。

安装小龙骨：小龙骨在安装罩面板时，每装一块罩面板先后各装一根卡档小龙骨。

刷防锈漆：焊接处未做防锈处理的表面，在交工前应刷防锈漆。

2. 木骨架罩面板吊顶的施工流程

吊顶标高弹水平线→画龙骨分档线→安装水电管线设施→安装大龙骨→安装小龙骨→防腐处理→安装罩面板→安装压条

◎**木骨架罩面板吊顶施工重点监控**

安装水电管线设施：应进行吊顶内水、电设备管线安装，较重吊物不得吊于吊顶龙骨上。

安装大龙骨：保证其设计标高。

安装小龙骨：小龙骨对接接头应错开，接头两侧各钉两个钉子。

防腐处理：吊顶内所有露明的铁件，钉罩面板前均须刷防腐漆；木骨架与结构接触面应进行防腐处理。

安装罩面板：罩面板与木骨架的固定采用木螺钉。

门窗施工：严防因变形加大而增加更换费用

门窗装修在家庭装修中属于较大的装修项目，里面涉及的学问很多，如果施工人员在施工时不细心，就会造成门窗扭曲、变形等一系列后续问题。为了避免这些问题的产生与资金的浪费，业主在装修时，有必要懂得一些门窗施工的常识，并监督施工人员把门窗装修做好。

1. 木门窗的施工流程

找规矩弹线、找出门窗框安装位置→掩扇及安装样板→窗框、扇安装→门框安装→门扇安装

◎**木门窗施工重点监控**

找规矩弹线：要保证门窗安装的准确性。

窗框、扇安装：应考虑抹灰层的厚度，并要在墙上画出安装位置线。

门框安装：应在地面工程施工前完成，应保证牢固。

门扇安装：确定门的开启方向及小五金型号和安装位置。

2. 铝合金门窗的施工流程

预埋件安装→弹线→门窗框安装→门窗固定→门窗扇安装

◎**铝合金门窗施工重点监控**

预埋件安装：洞口预埋铁件的间距须与门窗框上设置的连接件配套。

门窗框安装：铝框上的保护膜在安装前后不得撕掉或损坏。

门窗扇安装：框与扇配套组装而成，开启扇需整扇安装。

3. 塑钢门窗的施工流程

弹安装位置线→安装框子及连接铁件→立樘子→塞缝→安装小五金→安装玻璃→清

◎塑钢门窗施工重点监控

安装框子及连接铁件： 严禁用锤子敲打框子，以免损坏。

立樘子： 严禁用水泥砂浆或麻刀灰填塞，以免门窗框架变形后出现裂缝导致渗漏水。

安装小五金： 严禁直接锤击打入。

安装玻璃： 半玻平开门，可在安装后直接装玻璃；可拆卸的窗扇，可先将玻璃装在扇上，再把扇装在框上。

4. 窗帘盒、窗帘杆的施工流程

定位与画线→预埋件检查和处理→核查加工品→安装窗帘盒（杆）

◎窗帘盒、窗帘杆施工重点监控

安装窗帘盒： 将窗帘盒的中线对准窗口中线，盒的靠墙部位要贴严，固定方法按个体设计。

安装窗帘杆： 做到平、正，同房间标高一致。

厨卫施工：一步到位才能省时省钱

厨房、卫浴间的装修施工很重要。由于厨房、卫浴间的装修设计不具弹性，施工中稍有误差便会引起一系列的返工。例如，在卫浴间施工中，若墙面上的插座固定后，才发现吊顶的高度不合适等问题，这时就要大面积返工。为了避免不必要的返工与资金的浪费，业主一定要提早规避这些问题

1. 橱柜的施工流程

找线定位→框、架安装→壁柜、隔板、支点安装→壁（吊）柜扇安装→五金安装

◎橱柜施工重点监控

框、架安装： 在框、架固定时，先校正、套方、吊直、核对标高、尺寸、位置，准确无误后再进行固定。

壁柜、隔板、支点安装： 将支点木条钉在墙体木砖上。混凝土隔板安装一般采用“匚”形铁件或设置角钢支架。

壁（吊）柜扇安装： 按扇的安装位置确定五金件的型号、对开扇裁口的方向。

2. 浴缸安装的施工流程

下水管安装→油灰封闭严密→上水管安装→试平找正

◎浴缸施工重点监控

下水管安装： 浴缸排水与排水管的连接应牢固密实，且便于拆卸。

油灰封闭严密： 安装裙板浴缸时，裙板底部要紧贴地面，浴缸上口侧边与墙面结合处用密封膏填嵌密实；安装时不得损坏镀铬层。

试平找正： 浴缸安装时上平面用水平尺校验平整。

3. 洗面盆安装的施工流程

电钻钻孔→膨胀螺栓插入和拧紧→洗面盆管架挂好→把洗面盆放在架上并找平→下水管连接洗面盆→调直→上水管连接

◎洗面盆施工重点监控

膨胀螺栓插入和拧紧： 托架固定螺栓可采用不小于6毫米的镀锌开脚螺栓或镀锌金属膨胀螺栓。若墙体是多孔砖，则严禁使用膨胀螺栓。

把洗面盆放在架上并找平： 排水栓与洗面盆上接时，排水栓溢流孔应尽量对准洗面盆溢流孔，以保证溢流畅通，镶接后排水栓上端面应低于洗面盆盆底。

下水管连接洗面盆：洗面盆与排水管连接后应牢固，且便于拆卸，连接处不得敞口。洗面盆与墙面接触部应用硅膏嵌缝。

4. 坐便器安装的施工流程

检查地面下水口管→对准管口→放平找正→画好印记→钻孔洞→抹上油灰→套胶垫片，拧上螺母→水箱背面两个边孔画印记→打孔，拧紧螺栓→水箱挂平找正→拧上螺母→安装水箱下水弯头→装好漂子门和八字门→拧紧螺母→调试

◎**坐便器施工重点监控**

抹上油灰：坐便器安装时先在底部排水口周围涂满油灰。

套胶胶垫片，拧上螺母：将垫片螺母拧紧，清除被挤出的油灰。底座周边用油灰填嵌密实后，立回丝或抹布揩擦清洁。

省钱妙招：认认真真做验收

验收环节是家装的重要步骤，对各个部分进行验收可以避免后期一些质量问题的出现。不少人因为对验收环节重视不够而遭受到不必要的损失。其实只要了解了有关验收方面的知识并在关键的几个步骤上谨慎对待，复杂烦琐的工程也可变得轻松简单。

了解验收的基本常识

 一、验收的各个阶段

1. 装修初期需要验收的项目

家庭装修前期验收最重要的是“检查”。如果进场材料与合同不符，则不要在材料验收单上签字应立刻联系装修公司协商解决。

◎重点检查项目

进场材料（如腻子等）是否与合同中预算单上的材料要求一致，尤其要检查水电改造材料（电线、水管）的品牌是否属于装修公司专用品牌，避免进场材料中掺杂其他品牌的材料影响后期施工。

2. 装修中期需要验收的项目

一般在装修进行 15 天左右就可以进行中期验收（别墅施工时间相对较长），中期验收分为第一次验收与第二次验收。中期验收是装修验收中最复杂的步骤，其是否合格将会影响后期多个装修项目的进行。

◎重点检查项目

主要包括给水排水管道的施工验收、电气工程施工验收、吊顶工程施工验收、裱糊工程施工验收、板块面层施工质量施工验收、木地板安装施工验收、塑料板面层施工质量施工验收等。

3. 装修后期需要验收的项目

后期验收主要是对中期项目的收尾部分进行验收。后期验收相对中期验收来说比较简单，但需要比较细致地排查。

◎重点检查项目

主要是对中期项目的收尾部分进行验收。如木制品、墙面、吊顶这些项目，可对其表面油漆、涂料的光滑度、是否有流坠现象及颜色是否一致进行验收。

二、验收的常用工具

工 具	用 途	工具图片
卷尺	日常生活中常用的工具，在验房时主要用来测量房屋的净高、净宽和橱柜等的尺寸。如检验预留的空间是否合理，橱柜的大小是否与原设计一致	
垂直检测尺（靠尺）	家装监理中使用频率最高的一种检测工具，用来检测墙面、瓷砖是否平整、垂直，地板龙骨是否水平、平整	
塞尺	将塞尺头部插入缝隙中，插紧后退出，游码刻度就是缝隙大小，检查缝隙是否符合要求	
方尺	主要用来检测墙角、门窗边角是否呈直角。使用时，只需将方尺放在墙角或门窗内角，看两条边是否与尺的两边吻合	
检验锤	专门用来测试墙面和地面空鼓情况的，通过敲打时发出的声音来判断墙面是否存在空鼓现象	
磁石笔	具有很强的磁性，专门用来测试门窗内部是否有钢衬。合格的塑钢窗内部是由钢衬支撑的，可以保持门窗不变形。如果门窗内部有钢衬就能使磁铁笔吸住	
试电插座	用来测试电路内线是否正常的一项必备工具。试电插座上有三个指示灯，从左至右分别表示零线、地线、火线，当右边的两个指示灯同时亮时，表示电路正常，三个灯全部熄灭则表示电路中没有相线；只有中间的灯亮时，表示缺地线；只有右边的灯亮时，表示缺零线	

Point 61
不要等装修全部结束之后再验收

有很多业主觉得验收就是装修全部做完之后，到居室之中检查一下各项工程是否符合自己的要求。表面上看这样做既省时又省事，殊不知如果上一项工程没有做好收尾，则很有可能会影响下一项工程，这样造成的返工不仅费时，还费钱。因此，在验收之前一定要对各项工程的流程做一个大概的了解，因为装修工程是接力或同时进行的，因此有些工程最好边施工边进行验收，这样做看似浪费时间，实际上可以在第一时间避免施工出现纰漏，把钱省下来。

Point 62
验收时要带施工图

验收时手边要有施工平面图、立面图及剖面图等。除此之外，图纸上还应该清楚标示施工范围，水电施工图则需标明开关盒、插座的位置与高度等，这样验收时才能对比实际情况，确认设计师或施工队施工的准确性。千万不要忽视施工图，看不懂施工图，就意味着对家庭装修的细节不了解，从而造成验收不彻底而损失资金。

Point 63
验收完的房子不宜马上入住

刚刚验收完的房子很有可能存在空气质量问题，如果马上入住，可能会对业主的身体健康产生一定影响。建议业主在房子装修好后，不要急着入住，最少要空置、通风一两个月。而且有条件的家庭最好在装修完毕之后做一下室内空气质量检测，验收检测、治理合格之后再入住。

规避验收误区的方法

家装验收是每一个装修业主都很关心的问题，验收工程不过关，必定会给日后的入住造成麻烦。从材料的进场到水电、油漆、泥工、木工等每一道工序的完工，都离不开验收，甚至到装修完毕以后，还要对室内空气质量进行验收。然而，对于装修的整个工程，未必每一位业主都懂得如何验收。等到工程都做好了，再来一一来验收，或装修完毕后，在没有对室内空气质量进行验收的情况下就入住，都是家装验收的误区。

1. 误区 1：重结果不重过程

有些业主在装修的过程中，很少到工地去看，以至于在装修完毕之后，才来验收所有的工程，这时候，水电等隐蔽工程早已做好，业主要验收就很难了，除非返工。其实，这只是家装验收“重结果不重过程”常发生的一类情况。有些业主甚至包括一些公司的工程监理，对装修过程中的验收工程不是很重视，到了工程完工时，才发现有些地方的隐蔽工程没有做好，如因防水处理不好，导致卫浴间、墙壁发霉等。

2. 误区 2：验收所有环节都是统一的标准

家居装修的验收，最后的验收标准并不是统一和固定不变的。普通地板的验收标准与地采暖地板的验收标准是不同的，而且验收的程序也有一些区别。所以，不必相信验收前知晓的各种标准，而是要根据不同的装修情况来进行验收。

3. 误区 3：验收时只看重美观程度

对装修好的房子进行验收的时候，许多人会只看重表面，以为表面美观、平整、无缝隙等就是好的装修。其实看外观，只是验收的一个步骤，实际的装修质量才是关键。如涉及墙面的验收，并非越光滑越好；地板的验收，也并不一定只看表面纹理是否一致就可以。墙面和地板的验收，需要着其铺贴的效果及其环保性能等情况。

4. 误区 4：试水打压只进行一次

为了省时省力，在做试水打压试验时，测试时只打一次压就了事是不对的，这样不能很好地检查出施工的质量，而应该要进行多次的试压试验。第一次打压将空气排出，再次打压逐渐测试管道的承受能力，如果水管无渗漏的情况，待水压稳定后，看压力降不超过 0.05 M pa 才为合格。

5. 误区 5：忽略室内空气质量验收

对于装修后的室内空气质量要进行检测。尽管装修公司都选择使用有国家环保认证的装修材料，但是目前市场上的任何一款材料，都或多或少地含有一定的有害物质，所以在装修的过程中，难免会产生一定的空气污染。有条件的家庭最好在装修完毕之后做室内空气质量检测，经验收检测和治理合格之后再入住。还有油漆、木工、泥工等，每完成一项都要进行验收，待验收合格后再进行下一项工作。如果都等到工程完工之后再验收，就会出现返工等很多不必要的麻烦。

Point 64
规避验收误区，要做到未雨绸缪

做好验收，从材料进场时就要开始。材料验收，就要看材料是不是合同约定的品牌材料，是否达到约定的标准等。在水电工程中，要做到及时完成、及时验收，监理人员此时也要做好监理工作，严格把好每一关。譬如，对电工的验收要求：照明电路铺设符合规程，插座、灯具开关、总闸、漏电开关等有一定的高度，厨房、空调专线铺设，电视天线和电话专线安装在便于维修的位置；对水工的验收要求：排水顺畅，无渗漏、回流和积水现象等。

掌握家庭装修验收项目，在细节处省钱

家庭装修验收单包括的内容很多。每一类验收项目都有其特定的验收标准，业主可以根据提示在表单上标注这一项目是否达标，如遇项目不达标，一定应要求施工队重做，切不可因为着急入住而放弃对房屋做局部重点验收。因为刚装修好的房子，表面上看起来几乎都没有什么问题，但是经过仔细验收之后，一些问题便会逐一暴露出来。因此，只有掌握了基本的验收常识，才能避免日后入住不出现各种问题。

1. 水路施工质量验收单

序号	检验标准
1	管道工程施工符合工艺要求及国家有关标准
2	给水管道与附件、器具连接严密，经通水实验无渗水
3	排水管道畅通，无倒坡、无堵塞、无渗漏；地漏箅子略低于地面
4	卫生器具安装位置正确，器具上沿要水平、端正、牢固，外表光洁、无损伤
5	管材外观质量符合要求
6	检验水管压力，管壁无膨胀、无裂纹、无泄漏
7	明管、主管外皮距墙面距离符合要求
8	冷、热水管间距符合要求
9	卫生器具采用下供水，甩口距地面距离符合要求
10	洗脸盆、台面距地面距离符合要求

2. 电路施工质量验收单

序号	检验标准
1	所有房间灯具使用正常
2	所有房间电源及空调插座使用正常
3	所有房间电话、音响、电视、网络使用正常

续表

序号	检验标准
4	有详细电路布置图，标明了导线规格及线路走向
5	灯具及其支架牢固端正，位置正确，有木台的安装在木台中心

3. 隔墙施工质量验收单

序号	检验标准
1	骨架隔墙工程边框龙骨与基体结构连接牢固，且平整、垂直、位置正确
2	骨架隔墙中龙骨间距和构造连接方法符合设计要求
3	骨架内设备管线的安装，门窗洞口、填充材料的设置符合设计要求
4	木龙骨及木墙面板防火和防腐处理符合设计要求
5	墙面板所用接缝材料接缝方法符合设计要求
6	骨架隔墙表面平整光滑、色泽一致、洁净、无裂缝，接缝均匀、顺直
7	骨架隔墙上的孔洞、槽、盒位置正确、套割吻合、边缘整齐
8	骨架隔墙内填充材料干燥，填充密实、均匀、无下坠

4. 墙面抹灰质量验收单

序号	检验标准
1	抹灰前将基层表面尘土、污垢、油污等清理干净，并浇水湿润
2	抹灰所用材料的品种和性能符合设计要求
3	抹灰层与基层间及各抹灰层间黏结牢固
4	抹灰层应无脱层、空鼓，面层应无爆灰和裂缝等缺陷
5	◎普通抹灰表面光滑、洁净、平整，分格缝清晰 ◎高级抹灰表面光滑、洁净、颜色均匀、无抹纹，分格缝和灰线清晰美观
6	护角、孔洞、槽、盒周围抹灰表面整齐、光滑；管道后面抹灰表面平整
7	抹灰总厚度符合设计要求
8	抹灰分格缝设置符合设计要求
9	有排水要求的部位应做滴水线（槽）

5. 陶瓷墙砖施工质量验收单

序号	检验标准
1	陶瓷墙砖品种、规格、颜色和性能符合设计要求
2	陶瓷墙砖粘贴牢固
3	满粘法施工陶瓷墙砖工程无空鼓、裂缝
4	陶瓷墙砖表面平整、洁净，色泽一致，无裂痕和缺损
5	阴、阳角处搭接方式、非整砖的使用部位符合设计要求
6	墙面突出物周围陶瓷墙砖应整砖套割吻合，边缘整齐
7	墙裙突出墙面的厚度一致
8	陶瓷墙砖接缝平直、光滑，填嵌连续、密实，宽度和深度符合要求
9	贴砖前检查衔接工程是否就位（水电、配管）等
10	做记号避免使用油性笔以免材质污损
11	贴砖前需做好防水

6. 乳胶漆施工质量验收单

序号	检验标准
1	所用乳胶漆品种、型号和性能符合设计要求
2	墙面涂刷颜色、图案符合设计要求
3	墙面涂饰均匀、黏结牢固，不得漏涂、透底、起皮和掉粉
4	基层处理符合要求
5	表面颜色均匀一致
6	不允许或允许少量、轻微出现泛碱、咬色等质量缺陷
7	不允许或允许少量、轻微出现流坠、疙瘩等质量缺陷
8	不允许或允许少量、轻微出现砂眼、刷纹等质量缺陷

7. 木材表面涂饰施工质量验收单

序号	检验标准
1	所用涂料的品种、型号和性能符合要求
2	涂饰工程的颜色、图案符合要求
3	涂饰均匀、黏结牢固，不得漏涂、透底、起皮和掉粉
4	表面颜色均匀一致
5	光泽度与光滑度符合设计要求
6	不允许出现流坠、疙瘩、刷纹等质量缺陷
7	装饰线、分色直线度的尺寸偏差符合要求

8. 木质饰面板施工质量验收单

序号	检验标准
1	品种、规格、颜色和性能符合设计要求
2	木龙骨、木饰面板燃烧性能等级符合要求
3	孔、槽数量，位置及尺寸符合要求
4	饰面板表面平整、洁净、色泽一致，无裂痕和缺损
5	嵌缝密实、平直，宽度和深度符合设计要求，嵌填材料色泽一致

9. 大理石饰面板施工质量验收单

序号	检验标准
1	品种、规格、颜色和性能符合设计要求
2	安装工程预埋件、连接件数量、规格、位置、连接方法和防腐处理符合设计要求
3	后置埋件现场拉拔强度符合设计要求；大理石饰面板安装牢固
4	饰面板表面平整、洁净、色泽一致，无裂痕和缺损；石材表面无泛碱等污染
5	嵌缝应密实、平直，宽度和深度符合设计要求，嵌填材料色泽一致
6	采用湿作业法施工石材应进行防碱背涂处理；饰面板与基体之间灌注材料应饱满密实
7	孔洞应套割吻合，边缘整齐

10. 壁纸裱糊施工质量验收单

序号	检验标准
1	种类、规格、图案、颜色和燃烧性能等级符合要求
2	粘贴牢固，不得有漏贴、补贴、脱层、空鼓和翘边
3	裱糊后各幅拼接横平竖直，拼接处花纹、图案吻合，不离缝、不搭接，拼缝不明显
4	裱糊后表面平整，不得有波纹起伏、气泡、裂缝、褶皱、污点，斜视无胶痕
5	复合压花壁纸压痕及发泡壁纸的发泡层应无损坏
6	壁纸与各种装饰线、设备线盒等交接严密
7	壁纸边缘平直整齐，不得有纸毛、飞刺
8	阴角处搭接顺光，阳角应无接缝

11. 吊顶施工质量验收单

序号	检验标准
1	标高、尺寸、起拱和造型符合设计要求
2	饰面材料的材质、品种、规格、图案和颜色符合设计要求
3	材料安装稳固严密
4	吊杆、龙骨材质、规格、安装间距及连接符合设计要求
5	金属吊杆、龙骨进行表面防腐处理；木龙骨进行防腐、防火处理
6	◎明龙骨吊顶工程的吊杆和龙骨安装牢固 ◎暗龙骨吊顶工程的吊杆、龙骨和饰面材料安装牢固
7	石膏板接缝进行板缝防裂处理
8	饰面材料表面洁净、色泽一致，不得有翘曲、裂缝及缺损
9	饰面板与明龙骨搭接平整、吻合，压条平直、宽窄一致
10	饰面板上灯等设备位置合理、美观，与饰面板交接严密吻合
11	◎金属龙骨接缝平整、吻合、颜色一致，不得有划伤、擦伤等表面缺陷 ◎木质龙骨平整、顺直、无劈裂
12	填充吸音材料品种和铺设厚度符合设计要求，并有防散落措施

12. 陶瓷地面砖施工质量验收单

序号	检验标准
1	面层所用板块品种、质量符合设计要求
2	面层与下一层结合（黏结）牢固，无空鼓
3	◎表面洁净、图案清晰、色泽一致、接缝平整、深浅一致、周边直顺 ◎板块无裂纹、掉角和缺棱等缺陷
4	面层邻接处镶边用料及尺寸符合设计要求，边角整齐且光滑
5	踢脚线表面洁净、高度一致、结合牢固、出墙厚度一致
6	楼梯踏步和台阶板块缝隙宽度一致、齿角整齐
7	面层表面坡度符合设计要求，与地漏、管道结合处严密牢固，无渗漏

13. 实木地板铺设质量验收单

序号	检验标准
1	面层材质和铺设木材含水率符合要求
2	条材和块材其技术等级及质量符合要求
3	木格栅、垫木和毛地板等做防腐、防蛀处理
4	木格栅安装牢固、平直
5	面层铺设牢固、黏结无空鼓
6	◎实木地板面层应刨平、磨光，无明显刨痕和毛刺现象 ◎面层图案应清晰、颜色均匀一致
7	面层缝隙严密、接缝位置错开、表面洁净
8	接缝对齐，粘、钉严密；缝隙宽度均匀一致；表面洁净、无溢胶

14. 复合地板铺设质量验收单

序号	检验标准
1	面层所采用材料技术等级及质量符合要求
2	面层铺设牢固，黏结无空鼓
3	面层颜色和图案符合设计要求；图案清晰，颜色均匀一致，板面无翘曲

续 表

序号	检验标准
4	面层接头错开、缝隙严密、表面洁净
5	踢脚线表面光滑、接缝严密、高度一致

15. 塑钢门窗安装质量验收单

序号	检验标准
1	品种、类型、规格、开启方向、安装位置、连接方法及填嵌密封处理符合要求
2	内衬增强型钢壁厚度及设置符合质量要求
3	塑钢门窗框安装牢固；固定片或膨胀螺栓数量与位置正确，连接方式符合要求
4	塑钢门窗拼樘料内衬增强型钢规格、壁厚符合要求
5	塑钢门窗扇开关灵活、关闭严密，无倒翘；推拉门窗扇有防脱落措施
6	配件型号、规格、数量符合设计要求：安装牢固，位置正确，功能满足使用要求
7	◎塑钢门窗框与墙体间缝隙采用闭孔弹性材料填嵌饱满，表面采用密封胶密封 ◎密封胶黏结牢固，表面光滑、顺直、无裂纹
8	表面洁净、平整、光滑，大面无划痕、碰伤
9	塑钢门窗扇密封条不得脱槽，旋转窗间隙基本均匀
10	平开门窗扇开关灵活，平铰链、滑撑铰链、推拉门窗扇的开关力符合要求

16. 木门窗安装质量验收单

序号	检验标准
1	品种、类型、规格、开启方向、安装位置及连接方法符合要求
2	门窗框安装必须牢固
3	预埋木砖防腐处理，木门窗框固定点数量、位置及固定方法符合要求
4	木门窗扇安装牢固、开关灵活、关闭严密、无倒翘
5	◎木门窗配件型号、规格、数量符合设计要求 ◎安装牢固、位置正确，功能满足使用要求
6	◎木门窗与墙体间缝隙填嵌材料符合设计要求，填嵌饱满 ◎寒冷地区外门窗（或门窗框）与砌体间空隙填充保温材料

17. 铝合金门窗安装质量验收单

序号	检验标准
1	品种、类型、规格、开启方向、安装位置、连接方法、型材壁厚符合设计要求
2	铝合金门窗的防腐处理及填嵌、密封处理符合要求
3	安装牢固，预埋件数量、位置、埋设方式、与框连接方式符合要求
4	铝合金门窗扇安装牢固，开关灵活、关闭严密，无倒翘；推拉门窗扇必须有防脱落措施
5	配件的型号、规格、数量符合设计要求；安装牢固、位置正确，功能满足使用要求
6	表面洁净、平整、光滑、色泽一致、无锈蚀；大面无划痕、碰伤；漆膜或保护层连续
7	铝合金门窗推拉门窗扇开关力符合要求
8	铝合金门窗框与墙体之间缝隙填嵌饱满，采用密封胶密封；密封胶表面应光滑、顺直、无裂纹
9	门窗扇橡胶密封条或毛毡密封条安装完好，不得脱槽
10	有排水孔的铝合金门窗，排水孔应畅通，位置和数量符合设计要求

18. 窗帘盒（杆）安装质量验收单

序号	检验标准
1	材料材质及规格、木材燃烧性能等级、含水率、甲醛含量符合国家标准
2	造型、规格、尺寸、安装位置和固定方法符合要求
3	窗帘盒（杆）安装牢固
4	配件的品种、规格符合设计要求，安装牢固
5	表面平整、洁净、线条顺直、接缝严密、色泽一致，不得有裂缝、翘曲及损坏

19. 橱柜安装质量快速验收单

序号	检验标准
1	厨房设备安装前的检验
2	吊柜安装根据不同的墙体采用不同的固定方法
3	底柜安装保证各柜体台面、前脸在一个水平面上
4	安装洗物柜要保证下水管连接处不漏水、不渗水
5	安装不锈钢水槽保证水槽与台面连接缝隙均匀，不渗水
6	水龙头安装要求牢固，上水连接不出现渗水
7	抽油烟机安装，要注意吊柜与抽油烟机罩的尺寸配合，达到协调统一
8	安装灶台，不得出现漏气

20. 洗面盆安装质量验收单

序号	检验标准
1	产品应平整无损裂，符合要求
2	排水栓溢流孔尽量对准洗面盆溢流孔
3	托架固定螺栓应符合要求
4	洗面盆与排水管连接后应牢固密实，便于拆卸，连接处不得敞口
5	洗面盆与墙面接触部应用硅膏嵌缝

21. 坐便器安装质量快速验收单

序号	检验标准
1	给水管安装角阀高度符合设计要求
2	带水箱及连体的坐便器水箱后部至墙的距离符合要求
3	冲水箱内溢水管的高度符合要求
4	安装时不得破坏防水层，并经 24 小时积水渗漏试验合格

图书在版编目(CIP)数据

懂行情，装修才能赚差价 / 叶萍编 . —武汉：华中科技大学出版社，2016.8
ISBN 978-7-5680-1930-9

Ⅰ. ①懂… Ⅱ. ①叶… Ⅲ. ①住宅－室内装修－基本知识 Ⅳ. ①TU767

中国版本图书馆CIP数据核字(2016)第138508号

懂行情，装修才能赚差价
DONG HANGQING, ZHUANGXIU CAINENG ZHUAN CHAJIA

叶萍　编

出版发行：华中科技大学出版社（中国·武汉）
地　　址：武汉市武昌珞喻路1037号（邮编：430074）
出 版 人：阮海洪

责任编辑：杨　淼　　责任监印：秦　英
责任校对：尹　欣　　装帧设计：张　靖

印　　刷：天津市光明印务有限公司
开　　本：710 mm × 1000 mm　1/16
印　　张：10.25
字　　数：220千字
版　　次：2016年8月第1版第1次印刷
定　　价：39.80元

投稿热线：(010)64155588－8000
本书若有印装质量问题，请向出版社营销中心调换
全国免费服务热线：400－6679－118　竭诚为您服务